Heiße Sommer, grüne Gärten

Gartenglück trotz Klimawandel

GARTENGLÜCK
TROTZ KLIMAWANDEL

Heiße Sommer, grüne Gärten

Herausgegeben von **smarticular.net**
Das Ideenportal für ein einfaches und nachhaltiges Leben

1. Auflage, Druck 2401
smarticular, 2024
in der Business Hub UG (haftungsbeschränkt)
Buchberger Str. 27, 10365 Berlin
Textredaktion: Silke Bicker
Bildredaktion: Annette Frenzel, Sylvia Jahns
Covergestaltung: BUCH & DESIGN Vanessa Weuffel, Köln
Satz: fuxbux, Berlin
Druck: Mohn Media Mohndruck GmbH
ISBN: 978-3-910801-02-8
ISBN E-Book: 978-3-910801-03-5

RECYCLED Papier aus Recyclingmaterial FSC® C011124

Unserer Umwelt zuliebe wurde dieses Buch auf umweltfreundlichem Recyclingpapier gedruckt, ausgezeichnet mit dem FSC®-Zertifikat für Papier aus Recyclingmaterial, dem Blauen Engel und dem EU-Eco-label.

Haftungsausschluss
Alle Rezepte und Tipps in diesem Buch wurden nach bestem Wissen erstellt. Die Anwendungen und Rezepte in diesem Buch bieten keinen Ersatz für eine therapeutische oder medizinische Behandlung. Im Zweifelsfall sollte ein Arzt zu Rate gezogen werden. Es wird keine Haftung für die beschriebenen Wirkweisen der Inhaltsstoffe oder Rezepturen übernommen. Des Weiteren wird keine Haftung übernommen für fehlerhafte Zubereitung und Anwendung, auch nicht für Gesundheitsschäden durch unsachgemäße Handhabung.

Bildverzeichnis
Alle Bilder smarticular.net: Annette Frenzel 42, 43 l, 43 r, 44 l, 44 r, 112 l, 112 r, 113, 136, 137, 140 l, 140 r, 141 / Melanie Hoffart 134, 135 l, 135 r / Sylvia Jahns 56, 58 l, 58 r, 59, 60, 61 / Sebastian Knecht 40 l, 40 m, 40 r, außer shutterstock.com: 4inkstudios 110 / Aleoks 168 o / agatchen 51 r / ALEXANDER V EVSTAFYEV 7 r / Alisusha 106 o / Anakumka 90/ Andrea Breithuber 46 o, 46 u, 48 / Andrzej Jablonski 74 o / Anne Elizabeth Mitchell 82 u / Anton Dios 104, U4 3 vo / Anton Gvozdikov 6 l / APugach 170 o, 170 u / AShvets 109 r / Audio und werbung 5 l / Baramyou0708 174 / Beekeepx 66 / Brian Woolman 51 l / Budimir Jevtic 92 / Carmina_Photography 22 o / Catherine_P 162 u / Cozine 177 / CHRISTOPHE ROLLAND U4 o / crystaldream 67 / dany ichim 69 / Dark_Side 127 / Die Staudengärtnerei-Till Hofmann & Fine Molz 50 o, 50 u, 53 l, 53 r, U4 2 vo, 54 l, 54 r, 55 / Dimedrol68 132 / Dirk Ott 73 / Dora Zett 8 / EkaterinaN 118 r / encierro 23, 45 / Evan Lorne 139 / Flower_Garden 63 / FotoHelin 143 / foto_molka 180 / Frank Bach 154 / Fuzull Hanum 156 u / Gardens by Design 16, 30 o / Gaston Cerliani 164 o / Gina Lee Rodgers 87 / Grandpa 130 / guentermanaus 74 u / Hana Kolarova 95 / Igor Paszkiewicz 117 / JoannaTkaczuk 24/25 / Joanne Dale 15 / Johannes Ziegler Photo 103 / John W Harrison 32/33 / Joshua Resnick U1 / Josie Elias 168 u / Kabar 52 / Kabar 179 / KaliAntye 26 / Katho Menden 125 / Ken Schulze 30 / Kitreel 114 / Kmpzzz 101 / kristof lauwers 28 / kuruneko 164 u / La Huertina De Toni 18, 79 / larisa Stefanjuk 17 / Laurence Berger 14 / lomiso 138 / Mabeline72 66 o / maradon 333 131 / Maria Evseyeva 34 / Marina Varnava 119, U4 u / Martina Unbehauen 120 / matunka 162 o / Milos Ruzicka 102 / Miriam Doerr Martin Frommherz 5 r, 82 o / Mirko Graul 75 / mr_tigga 124 l / MZinchenko 71 / Nadzeya Pakhomava 118 l / Nahhana 123 r / Nazaruk Nazar 37 / nbnserge 172 / Oleksandr_U 122 / Olezzo 105 / olko1975 124 r / Ollinka 159 / Paul Maguire 86 / Pete Stuart 146 / Peter Turner Photography 80 / Petr Bonek 176 u / Petrychenko Anton 22, 108 / Picmin 166 / Racheal Carpenter 126 / Rasmus S 85 / Rock.N.Roll.Queen 160 / Roman Rvachov 182 / Rostislav_Sedlacek 163 / Ruud Morijn Photographer 152 / S.Matthews 111 / sanddebeautheil 142 / Sandra P.o.h.l 121 / Sandra Standbridge 183 o / scubaluna 184 / Shawn.ccf 176 o / shutternelke 6 r / SilviaClarisa-Zaninovich 78 / sirtravelalot 13 / Skrypnykov Dmytro 158 / small1 186 / Starover Sibiriak 178 / stefanolunardi 64 / STEKLO 12 / stock_studio 84 / Svetlana Monyakova 156 o / Tom Meaker 19 / Toms Z 70 / Uryupina Nadezhda 7 l, 88 / Vadym Zaitsev 89, 98 / VH-studio 123 l / Vikentiy Elizarov 129 / Viktor Sergeevich 47, 106 u / vitek3ds 39 / VVVproduct 149 / xactive 41 / Yeeb2529 109 / zlikovec 147

Inhalt

Einleitung

Während sich der Klimawandel in den Medien vorwiegend an entlegenen, von unserer Lebensrealität weit entfernten Orten wie den Polkappen oder hochgelegenen Gletschern abspielt, beobachten immer mehr Gartenenthusiasten, wie sich das Klima auch in ihrer kleinen grünen Oase allmählich verändert: Trockenperioden werden vielerorts länger, gleichzeitig erhöht sich das Risiko für Starkregenereignisse und Stürme. Diese Phänomene können die Früchte harter Arbeit in kürzester Zeit im wahrsten Sinne des Wortes zunichtemachen. Mitunter ist die halbe Ernte nach einem starken Regenguss nicht mehr zu retten oder Pflanzen, die über viele Jahre wunderbar gediehen, kommen mit der zunehmenden Trockenheit nicht zurecht und gehen ein. Wer das nicht hinnehmen möchte, kämpft vielleicht mit zusätzlicher Bewässerung gegen den ausbleibenden Regen an und verzweifelt am Ende doch daran, dass Altbewährtes nicht mehr zum Erfolg führen mag.

Die Lösung ist so einfach wie genial: Statt an den Symptomen anzusetzen, gärtnern wir mithilfe kleiner Anpassungen und hilfreicher Tricks mit den klimatischen Veränderungen, statt mühsam gegen sie anzukämpfen. Wie das gehen kann, erfährst du in diesem Buch. Du lernst verschiedene Methoden zum Auffangen und Speichern wertvollen Regenwassers kennen sowie Gießtechniken, die dafür sorgen, dass das wertvolle Nass dort ankommt, wo es gebraucht wird. Auch dein Boden lässt sich so aufbereiten, dass er sowohl längeren Trockenperioden als auch gelegentlichem Starkregen trotzen kann. Und mit der richtigen Beetgestaltung und Pflanzenwahl steht einer reichen Ernte trotz zunehmend unberechenbarer Witterung nichts mehr im Weg.

Gewusst wie, bleibt dein Garten auch in heißen Sommern eine grüne, erholsame Oase. Viel Freude und Erfolg beim Umsetzen unserer Tipps für deinen Garten der Zukunft!

Das smarticular Team

Klimaveränderungen im Garten begegnen

WAS SAGT DIE WISSENSCHAFT

Wir haben Patrick v. Jeetze, Kristine Karstens und Stephen Wirth vom Potsdam-Institut für Klimafolgenforschung (PIK) gefragt, welche klimatischen Veränderungen in unseren Breiten auf Hobbygärtnerinnen und Kleingärtner zukommen werden. Ihre Antworten zeigen, welche Probleme, aber auch welche „positiven Nebenwirkungen" mit dem Klimawandel verbunden sind. Und sie geben erste praktische Tipps für den eigenen Garten.

Welche Auswirkungen wird der Klimawandel auf Gärtnerinnen und Gärtner haben? Warum ist es sinnvoll, sich damit zu beschäftigen, auch wenn vielleicht jetzt noch nicht so viele Veränderungen spürbar sind?

Der Klimawandel hat vielseitige Folgen, die sich auf den Garten selbst, aber auch auf die im Garten notwendigen Tätigkeiten auswirken werden. Obwohl klimatische Veränderungen auch positive Folgen haben, machen die Herausforderungen durch negative Folgen des Klimawandels ein Umdenken beim Gärtnern notwendig.

Die Veränderung der mittleren Temperatur kann zu längeren Wachstumsperioden und damit verbundenen höheren Ernten und längerer Freude an grünen Pflanzen führen. Diese kann aber auch die Verschiebung von aufeinander abgestimmten Lebenszyklen von Bestäuberinsekten und Pflanzen sowie die Ausbreitung von invasiven Arten und Schädlingen mit sich bringen.

Die Veränderung der mittleren Temperatur ist allerdings nicht die einzige Folge des Klimawandels. Durch diesen erhöht sich auch die Wahrscheinlichkeit von Extremereignissen. Starkregen, der bei unbedeckten Böden zu Erosion und zu Nährstoffauswaschung führen kann,

Dürreperioden, durch die die Pflanzen an Trockenstress leiden, und Hitzeperioden, die die körperliche Arbeit im Garten erschweren oder sogar die Gesundheit beeinträchtigen können, werden zunehmen. Weiterhin können veränderte Saisonalitäten zu spät auftretenden Frostereignissen führen, die wenn sie mit der Blütezeit zusammenfallen, beispielsweise Obstbäume beschädigen können.

Unabhängig davon, ob wir es schaffen, den Anstieg der globalen Mitteltemperatur auf unter zwei Grad Celsius zu begrenzen, müssen Gärtnerinnen und Gärtner lernen, mit neuen Herausforderungen umzugehen.

Wo kann ich ansetzen, um meinen Garten resilienter gegen zunehmende Trockenperioden und andere erwartbare Phänomene des Klimawandels zu machen?

Um mit den Herausforderungen des Klimawandels umzugehen, gibt es viele Möglichkeiten, die jedoch entsprechend den spezifischen klimatischen Gegebenheiten und des vorliegenden Bodens ausgewählt werden müssen. Bei zunehmenden Dürreereignissen kann dem Wassermangel beispielsweise durch effiziente Bewässerungs- und Regenauffangsysteme entgegengewirkt werden. Um den Boden vor Austrocknung zu schützen, sollte dieser immer bedeckt sein. Allgemein ist es empfehlenswert, sich mit der Auswahl von Sorten zu beschäftigen, die an die veränderten Bedingungen angepasst sind. Dies bietet auch viel Potenzial, sich auszuprobieren und neue Facetten am eigenen Garten kennenzulernen.

Bei allen bekannten Schattenseiten: Welche Chancen und Potenziale bieten die klimatischen Veränderungen auf der anderen Seite auch für den eigenen Garten, die Selbstversorgung mit Lebensmitteln und so weiter?

Der Klimawandel beschert uns in Deutschland durchschnittlich längere Anbau- und Vegetationsperioden und höhere Mitteltemperaturen. Dadurch wird es möglich, neue Sorten, aber auch ganz neue Pflanzenarten anzubauen. Bestehende, wärmeliebende Obst- und Gemüsesorten können bei guter, angepasster Pflege höhere Erträge und bessere Qualität erzielen. Es ist ein gradueller Prozess, aber wir werden uns auf ein bisschen Experimentieren einstellen können, um neues Erfahrungswissen anzusammeln.

Generell wird die Zunahme der Durchschnittstemperatur für heißere, trockenere Sommer sorgen. Stadtplanerisch ist das eine Herausforderung, um sogenannte „urban heat islands“ (urbane Hitzeinseln) zu vermeiden. Stadtgrün und damit auch städtischen Gartenflächen (ob urbane Gemeinschaftsgärten oder klassischen Kleingartensiedlungen) kommt daher eine größere Bedeutung zu, Windschneisen zu ermöglichen sowie Erholungsräume zu schaffen und gleichzeitig Stadtfläche effektiv zu nutzen.

Wie wirkt sich ein eher offener Boden im Vergleich zu stark versiegelten Flächen auf die Wasserverfügbarkeit im Garten aus? Warum können bereits Rasengittersteine statt vollständig betonierter oder gepflasterter Flächen einen großen Vorteil bieten, zum Beispiel bei Starkregenereignissen?

Grundsätzlich gilt, dass unversiegelte Flächen Wasser besser aufnehmen können als versiegelte Flächen. Ein großer Anteil unversiegelter Flächen hat zweierlei Vorteile: Zum einen kann das Wasser an Ort und Stelle versickern und fließt nicht oberflächlich, beispielsweise in die Kanalisation, ab. Dies kann die Grundwasserneubildung fördern, was insbesondere bei zunehmenden und länger anhaltenden Trockenperioden wichtig ist, da diese bei gleichbleibender Wasserentnahme (etwa zur Bewässerung) auch negative Auswirkungen auf den Grundwasserspiegel haben können.

Auf der anderen Seite kann ein offener Boden das oberflächennah gespeicherte Wasser besser an die Umgebung abgeben. Durch die Verdunstung kann beispielsweise die Umgebungstemperatur reguliert werden, was den Aufenthalt im Garten bei hohen Temperaturen deutlich angenehmer macht. Wenn aber bestimmte Flächen nicht entsiegelt werden können, können auch große Pflanzkübel oder Hochbeete aufgestellt werden oder es kann versucht werden, das abfließende Regenwasser für die Bewässerung zu sammeln.

Wie kann ich einen durch lange Trockenheit stark geschädigten Boden wieder aufbauen und speicherfähig machen?

Nach längerer Trockenheit kann es passieren, dass der Boden nur langsam wieder vollständig durchfeuchtet werden kann. Der Grund hierfür ist, dass trockene Böden Niederschläge beziehungsweise Gießwasser deutlich schlechter aufnehmen als mäßig feuchte Böden. Außerdem kann es vorkommen, dass sich bestimmte Humuspartikel nach längerer Trockenheit zunächst wasserabweisend verhalten – ähnlich wie ein ausgetrockneter Küchenlappen. Durch vorsichtiges Benetzen des Bodens kann dem jedoch entgegengewirkt werden, und der Humus kann nach und nach wieder mehr Wasser aufnehmen. Verkrustete Böden können auch oberflächlich gehackt und dann vorsichtig gewässert werden. Dabei ist es wichtig, den Boden erst nach und nach zu befeuchten, damit das überschüssige Wasser nicht nur oberflächlich abfließt und gegebenenfalls Bodenerosion verursacht. Das Aufbringen einer Mulch- oder Streuschicht kann ebenfalls bei der Wiederbefeuchtung helfen, indem der Oberflächenabfluss verringert und das Wasser auf der Fläche gehalten wird.

Um den Boden widerstandsfähiger gegenüber Trockenheit zu machen, können zusätzlich verschiedene Maßnahmen eingesetzt werden. Diese Maßnahmen zielen darauf ab, die physikalischen Eigenschaften des Bodens zu verbessern, besonders seine Wasser-, aber auch Nährstoffhaltefähigkeit. Vor allem der Aufbau einer Humusschicht über Gründüngungen, eine konsequente Bodenbedeckung und das Einbringen von Kompost haben dabei einen positiven Effekt, da organisches Material im Boden den Porenraum vergrößert und somit mehr Wasser und Nährstoffe gebunden werden können. Der Anbau tiefwurzelnder Pflanzen (zum Beispiel Phacelia und Lupinen) bringt nicht nur organisches Material (alte abgestorbene Wurzeln) und damit neue Nährstoffe in den Boden, sondern verbessert auch insgesamt die Struktur und die Durchlüftung des Bodens.

Das Ausbringen von Pflanzenkohle kann besonders die Wasserhaltefähigkeit von leichten und sandigen Böden erhöhen, denn durch ihre hohe Porosität kann Pflanzenkohle eine große Menge an Wasser binden und auch bei Bedarf an Pflanzen abgeben.

Gärten sind Klimaretter – vor allem in Städten und Ballungszentren

Wer seinen Garten so umgestaltet, dass er widerstandsfähiger gegenüber klimatischen Veränderungen wird, tut nicht nur etwas für die eigene Erholung, den Ernteertrag und die Biodiversität, sondern leistet auch einen wichtigen Beitrag zum Klimaschutz im Allgemeinen und für die Anpassung an die mit den klimatischen Veränderungen einhergehenden Belastungen.

Denn wenn sich während anhaltender Hitzeperioden die Wärme in dicht bebauten Straßenzügen staut, sorgen grüne, unversiegelte Flächen für dringend benötigte Frischluft und Kühlungseffekte. Umgekehrt nehmen Gärten und begrünte Dächer (siehe S. 93) bei Starkregenereignissen viel Wasser auf, speichern es und sorgen so für ein verlangsamtes Abfließen in die Umgebung. Das macht sie zu einem wichtigen Faktor beim Schutz vor lokalen Überschwemmungen.

Gärten und insbesondere die darin wachsenden Bäume wirken darüber hinaus als wertvoller Kohlendioxidspeicher. Die Arbeit von Gärtnerinnen und Gärtnern zahlt sich also gleich in mehrfacher Hinsicht aus und hilft, die negativen Auswirkungen des Klimawandels abzumildern – weit über den eigenen Gartenzaun hinaus.

Die Schwammstadt im Kleinen

Heiße Sommer bringen Stürme und Starkregen mit sich. Es gibt feuchte, aber auch sehr trockene Jahre. Solch ungewisse Voraussetzungen machen das Gärtnern nicht einfacher. Hier hilft es, das Prinzip der Schwammstadt im eigenen Garten umzusetzen. Zu den typischen Maßnahmen der Schwammstadt zählen: das Sammeln und Speichern von Regenwasser, das Schaffen von Flächen zum direkten Versickern, deutlich mehr Grün, der Verzicht auf Kies- und Schotterflächen, die Verwendung wasserdurchlässiger Pflasterungen, und die Pflanzung von Bäumen als unterirdische Wasserspeicher, Schattenspender und Erosionsschutz. Ziel ist es, sowohl temporäre Hochwasser durch Starkregenfälle zu vermeiden als auch Bereiche, in denen sich Hitze staut.

Permakultur für mehr Klimaresilienz

Ist dir der Begriff „Permakultur" vertraut? Gärten, bei deren Gestaltung die Prinzipien der Permakultur berücksichtigt werden, sind vielfältiger, pflegeleichter, ertragreicher und dabei auch noch sehr viel resilienter gegenüber klimatischen Veränderungen als herkömmliche Gärten. Deshalb dürfen die wichtigsten Empfehlungen in diesem Buch nicht fehlen.

Beobachte die Natur und lerne

Waldböden sind immer von einer schützenden Schicht Laub bedeckt. Das Laub gibt beim Verrotten Nährstoffe an den Boden ab und wird von Mikro-Organismen zu Humus zersetzt. Die Laubschicht lässt einen Teil des Wassers langsam verdunsten und leitet den anderen Teil langsamer zum Boden. In Gärten kann man ungeschützten Boden mit Pflanzenresten mulchen und in einigen Ecken über den Winter Laubhaufen zulassen.

Versuche nicht, der Natur deinen Willen aufzuzwingen. Wenn du schattenliebende Pflanzen an Stellen setzt, wo im Sommer stundenlang die Sonne scheint, werden sie voraussichtlich sterben.

Ermögliche Vielfalt

Monokulturen schwächen die Pflanzen insgesamt. Setzt du hingegen Gemüsesorten nebeneinander, deren Wurzeln unterschiedlich tief in die Erde reichen, wird nicht ein- und dieselbe Bodenschicht ausgelaugt. Diese und andere Ideen lassen sich mit der Mischkultur (siehe S. 85) bestens umsetzen. Pflanzen, die sich gegenseitig im Wachstum unterstützen und vor Schädlingen schützen, sind widerstandsfähiger als einzelne.

Fördere Vernetzung

Es ist sinnvoll, das Netzwerk von Pflanzen, Tieren und Elementen zu fördern, die sich gegenseitig positiv beeinflussen, statt sie alle nur isoliert voneinander zu betrachten. Zum Beispiel lässt sich als Windschutz für die Pflanzen eine Hecke anpflanzen oder auch ein Kraterbeet anlegen. Wenn du eine Obsthecke anlegst, bringt sie dir und Kleintieren zusätzliche Nahrung. Dazu schützt sie vor Wind, sorgt dafür, dass der fruchtbare Boden erhalten bleibt und nicht mit Starkregen oder Sturm hinweggefegt wird.

Jedes Element des Gartens kann und sollte mehreren Zwecken dienen.

Nutze und fördere die natürliche Widerstandsfähigkeit

Passe die Gartengestaltung lokalen Gegebenheiten langfristig an, so wird er resistenter gegen klimatische Schwankungen: Mehrjährige Pflanzen passen sich gut an die örtlichen Gegebenheiten an und halten den Bereich im wahrsten Sinne des Wortes zusammen. Ihre Wurzeln halten den Boden und schützen frisch gesetzte Pflanzen.

Beachtest du die Fruchtfolge, erhält der Boden seine Fruchtbarkeit. Mit winterlicher Gründüngung, beispielsweise mit Spinat oder Feldsalat, lüftet man den Boden durch. So kommen im Frühjahr gesäte Pflanzen leichter an Wasser, denn die „Gründünger“ bereiteten den Boden für deren zarte Wurzeln bereits vor.

Nutze die vorhandene Energie effizient

Natürliche Gefälle, Sonnenwärme und Wärmespeicher wie Wände und Mauern sollten unbedingt in der Gartengestaltung bedacht werden. Eine Südwand, zum Beispiel durch eine Garage, gibt die gespeicherte Wärme auch nach Sonnenuntergang noch ab. Nachtschattengewächse wie Tomaten und Paprika fühlen sich mit der Extraportion Wärme sehr wohl und wachsen besser.

Auch Wasser speichert Wärme hervorragend. Am Rand von Teichen und Tümpeln lassen sich Pflanzen anbauen, die Feuchtigkeit und Wärme lieben.

Denke und plane in Kreisläufen wie die Natur

Fast alles, was nötig ist, ist bereits im Garten vorhanden und erfüllt einen Zweck. Pflanzliche Küchenabfälle werden im Komposthaufen oder in einer Wurmbox zu Humus verwandelt. Dieser reichert den Boden mit Nährstoffen an.

Brennnesseln unterstützen als Jauche oder Brühe den Mineralhaushalt des Bodens. Strauch- und Baumschnitt lassen sich bestens als Basis für ein Hügelbeet nutzen. Und aus Gemüseresten kannst du neue Pflanzen ziehen, auch auf einem Balkon.

Setze auf die Kooperation verschiedener Tiere, Pflanzen und anderer Elemente. Wie sie voneinander profitieren können, zeigt das Beispiel „Obstbaum-Lebensgemeinschaft“. Im Bereich um den Baumstamm herum, wo die Baumwurzeln relativ hoch im Boden liegen, werden bestimmte Pflanzen angesiedelt, die den Obstbaum beim Wachstum unterstützen.

Zum Beispiel Winterheckenzwiebeln oder Kapuzinerkresse als Schutz vor Krankheiten und Schädlingen, Beinwell (siehe S. 183), Rotklee oder Waldmeister (siehe S. 124) als Bodendecker oder Doldenblütler (z. B. Dill oder Fenchel) und Korbblütler (z. B. Schafgarbe, S. 179), um Nützlinge anzuziehen.

Denke unkonventionell, sei kreativ

Das Permakultur-Prinzip „Schichten und Stapeln“ bedeutet, dass der Platz nach oben kreativ ausgenutzt werden kann – mit Pflanzen, die unterschiedlich hoch wachsen. So wächst beispielsweise der Salat direkt auf dem Boden, während Stangenbohnen und Kürbis an Spalieren in die Höhe wachsen. Dazwischen gedeiht Topinambur. Bei geschickter Fruchtfolge liefert ein kleiner, gestapelter Garten mehr als eine Ernte pro Saison. Auch eine Kräuterspirale spart Platz und bietet nicht nur Aromen und Kräuter über das Jahr hinweg, sondern auch vielen Tieren Nahrung und Verstecke.

Gestalte und plane vielfältig

Wenn sich Dinge als ungünstig herausstellen, sollte man sie ändern. Dieser Grundsatz gilt besonders dann, wenn man ein Gartengrundstück neu übernimmt. Schaue aber auch, welche Pflanzgemeinschaften und Kreisläufe gut funktionieren und beziehe sie in deine Planung mit ein. So musst du nicht den ganzen Garten umgestalten und kannst dir die eine oder andere Arbeitsstunde ersparen.

Permakultur setzt ein gewisses Maß an Wissen und Erfahrung über die Eigenschaften von Pflanzen und die lokalen Gegebenheiten voraus. Es bereitet Freude zu beobachten, wie sich der Garten entwickelt und wie er widerstandsfähiger, natürlicher und diverser wird.

Viele der Ideen und Tipps, die du in den folgenden Kapiteln findest, entsprechen ebenfalls der Grundidee der Permakultur, mit der Natur zusammen statt gegen sie zu arbeiten. Das sorgt nicht nur für bessere Ernteerfolge, sondern macht deinen Garten gleichzeitig widerstandsfähiger gegenüber klimatischen Veränderungen und extremer werdenden Wetterlagen.

Garten-gestaltung

Wer in heißen Sommern einen grünen Garten haben möchte, kommt nicht drumherum, sich an die klimatischen Veränderungen anzupassen. Das lässt sich auf vielfältige Weise bewerkstelligen. Mit neuen Beetvarianten, einem ausgeklügelten Wassermanagement oder der richtigen Pflanzenauswahl und resilienten Pflanzengemeinschaften wird dein Garten auch zunehmende Trockenperioden und Starkregenfälle überstehen.

Mit der passenden Bepflanzung zur Klimaresilienz beitragen

Wenn Gärten nur nach ästhetischen Kriterien angelegt werden, geht das nicht nur auf Kosten der Artenvielfalt, sie können sich auch schlechter an klimatische Veränderungen anpassen. Denn dazu braucht es stabile Pflanzengemeinschaften (siehe S. 76), Wissen über das lokale Kleinklima (siehe S. 38), den Boden und geeignete Pflanzenarten. Ein vielfältiger Garten mit heimischen Gewächsen lockt Insekten, Kleinsäuger und Vögel an. Sie tragen durch Verbiss, neuen Sameneintrag über Kot sowie Bestäubung dazu bei, dass sich deine Pflanzen an die Gegebenheiten vor Ort gewöhnen und gedeihen.

Pflanzen haben Anti-Stress-Tricks

Viele Pflanzen verdunsten bei Trockenheit und Hitze weniger Wasser. So schützen sie sich vor Überhitzung. Silberlinden drehen die helle, behaarte Unterseite ihrer Blätter einfach nach oben und reflektieren die Sonnenstrahlen. Platanen werfen zu diesem Zweck Teile ihrer Borke ab. Andere Bäume und Sträucher lassen ihre Zweige schlapp werden und werfen einen Teil ihres Laubes ab. Stauden werden braun, weil sie dann weniger Feuchtigkeit verdunsten. Dagegen kannst du mit Wässern angehen. Dosiere es aber möglichst so, dass deine Pflanzen sich an gelegentliche Trockenphasen anpassen und entsprechend tiefer wurzeln. Das bedeutet, zwar ausreichend zu wässern, aber nicht den Boden permanent feucht zu halten.

Einige Schatten spendende Bäume und Sträucher bringen viel Verdunstungsschutz, aber auch großblättrige, kleinere Pflanzen können andere mit schmalen oder kleinen Blättern vor der Sonne und zu viel Hitze schützen.

Sehr gut sind Bäume geeignet, die aus dem Mittelmeerraum kommen, wie die Manna-Esche, die Mehlbeere (siehe S. 171), die Elsbeere und der Pfirsich. Auch kleinere Bäume wie die Felsenbirne oder der Pflaumenbaum bieten sich an. Die meisten Obstbäume sind übrigens hitzetolerant.

Heimische versus exotische Arten

Exotische Pflanzen sind zwar ein Hingucker, doch in unseren Breiten oft wenig nachhaltig, weil sie heimischen Insekten keine Nahrung bieten und alteingesessene Pflanzen verdrängen können, welche wiederum dringend als Futter und Lebensraum gebraucht werden.

So ist der allseits beliebte Kirschlorbeer beispielsweise zwar eine klassische, weil besonders pflegeleichte Gartenpflanze geworden. Für die Biodiversität im Garten hat er aber leider wenig zu bieten.

Glücklicherweise gibt es auch alteingesessene oder aus dem nahen Mittelmeerraum stammende und inzwischen quasi heimisch gewordene Arten, die sowohl mit Hitze als auch mit regnerischen Zeiten zurechtkommen und darüber hinaus die Vielfalt im Garten bereichern. Dazwischen darf es aber ruhig auch einmal das eine oder andere exotischere Gewächs sein, sofern es die heimische Flora und Fauna nicht gefährdet. In der Pflanzliste findest du eine kleine Auswahl an Gemüse, Obst, Kräutern und Zierpflanzen (siehe ab S. 151).

Viele hitzeresistente Pflanzenarten mögen eher magere Böden. Wenn dein Garten einen lehmigen Boden hat, bietet es sich an, Sandbeete (siehe S. 53) anzulegen. Die weniger Hitze liebenden Arten kannst du weiterhin anbauen, indem du ihnen einen entsprechenden Standort (siehe S. 38) zuweist und einige Hilfen zum Start bietest.

Das lokale Kleinklima beachten

Jede Landschaft und jeder Garten hat mehrere lokale Kleinklimata, auch Mikroklimata genannt. Gemeint sind einzelne Bereiche, in denen das regionale Klima von örtlichen Gegebenheiten beeinflusst wird. In Senken beispielsweise ist es oft feuchter und kühler als auf der sonnigen Ebene oder an einem Südhang. In besonders schattigen oder kühlen Bereichen hält sich Schnee länger als andernorts. Und an anderen Stellen hält sich die Wärme der Sonne auch nachts oder sogar im Winter länger.

Wenn du deinen Garten neu planst oder Beete neu ausrichten möchtest, ist es klug, vorher etwa ein Jahr lang die Auswirkungen der Jahreszeiten zu beobachten:

- Wo scheint besonders lang die Sonne, wo ist es eher schattig?
- Wo versickert Niederschlag zügig, wo bilden sich bei Regen Pfützen?
- Wo ist es dauerhauft feuchter beziehungsweise trockener als anderswo?
- In welchen Bereichen ist es windiger, wo eher windstill?
- Gibt es regengeschützte Bereiche, die sich für empfindliche Pflanzen eignen?
- Gibt es wärmespeichernde Stellen (z. B. Wände, Mauern etc.), an denen sich wärmeliebende Pflanzen besonders wohlfühlen?

- Wo liegt am längsten Schnee beziehungsweise wo taut er am schnellsten?

- Wo siedeln sich welche Pflanzen quasi von allein an?

- Welche Pflanzen wachsen eher kümmerlich? (Manchmal liegt es nicht am Boden, sondern am Kleinklima.)

Solche Beobachtungen kannst du zum Beispiel auf einem Online-Board oder einem Gartenplan notieren. Am besten erstellst du dir auf diese Weise nach und nach eine Übersicht, die dir hilft, die klimatischen Bedingungen an unterschiedlichen Gegebenheiten in deinem Garten über ein Jahr hinweg zu erfassen. Darauf basierend lassen sich Pflanzen auswählen, die optimal an das jeweilige Mikroklima angepasst sind und entsprechend besser gedeihen.

Verschiedene Beetvarianten

Wer ein neues Beet anlegen will, hat verschiedene Möglichkeiten. Ein klassisches Flachbeet herzustellen, kann recht aufwändig sein, weil zunächst die Grasnarbe entfernt und der meist verdichtete Boden intensiv bearbeitet werden muss. Mit einem Holzrahmen, Pappe und etwas Gartenmaterial lässt sich ein ebenerdiges Beet aber auch ohne Umgraben anlegen.

Alternativ kommen viele weitere Beetformen infrage, die es nicht nur ermöglichen, im Garten ohnehin vorhandene Biomasse sinnvoll zu verwerten, sondern die auch Bereiche mit unterschiedlichen Mikroklimata schaffen und die Pflanzen über mehrere Jahre mit Nährstoffen versorgen. Aufgrund ihres Aufbaus und der speziellen Pflanzengemeinschaften sind sie darüber hinaus auch noch widerstandsfähiger gegenüber klimawandelbedingten Wettereskapaden.

TIPP:
Wer in den Beeten Kräuter, Gemüse oder Obst anbauen möchte, legt am besten im Winterhalbjahr einen Pflanzplan an.

Bereits vorhandene Beete werden für die neue Gartensaison aufgelockert. Das sorgt für eine gute Durchlüftung, verbessert die Fähigkeit des Bodens, Wasser zu speichern, ohne dass Staunässe entsteht, und erleichtert es neuen Pflanzen zu wurzeln.

Statt intensiven Umgrabens empfiehlt es sich, den Lebensraum der wertvollen Bodenlebewesen nur locker im Oberboden mit einer flachen Harke zu lockern. Dazu hebst du einfach mit der Harke die Erde etwas an und bewegst sie leicht hin und her. Grobe Erdschollen können später noch mit einer Hacke oder einem Rechen bearbeitet werden, um die obere Erdschicht zu verfeinern und insbesondere die spätere Aussaat zu erleichtern. Bei schweren Böden hilft es, etwas Sand zuzugeben, um sie dauerhaft locker und durchlässig zu halten, oder gleich ein Sandbeet (siehe S. 53) anzulegen.

TIPP: Bei stark verdichteten oder lehmigen Böden empfiehlt es sich, die Beete bereits im Herbst zu bearbeiten. Das führt dazu, dass eventueller Frost tiefer in den Boden eindringt. Diese Frostgare lockert ihn, verfeinert dessen Struktur und erleichtert die Arbeiten im Frühjahr.

Hügelbeet

Wenn du in einem eigenen oder gemeinschaftlichen Garten oder auf einem Mietbeet Gemüse anbaust, hast du bestimmt schon einmal von einem Hochbeet gehört. Der erhöhte Pflanzkasten bietet viele Vorteile und ist deswegen in immer mehr Nutzgärten zu finden. Im Unterschied dazu kommt ein Hügelbeet ohne Rahmen aus, schafft mehr Anbaufläche auf engstem Raum und ist daher ideal für kleine Gärten.

Ein Hügelbeet selber bauen

Fast alles, was du für den Bau eines einfachen Hügelbeetes benötigst, findest du im Garten. Im Sinne der Permakultur-Prinzipien (siehe S. 25)

TIPP:

Am besten legst du das Hügelbeet im Herbst an, wenn viel Laub und Schnittgut anfällt. Dann zersetzen sich diese Bestandteile über den Winter bereits etwas und du kannst das Beet im Frühjahr bepflanzen.

wird damit aus Gartenabfällen wertvolle Nahrung für neue Pflanzen.

Als Material eignen sich grober Strauch- und Baumschnitt, weitere Biomasse in Form von Grassoden, Rasenschnitt, Laub, feines Schnittgut, idealerweise Stallmist (beispielsweise von Kaninchen) oder grober Kompost besonders gut. Zusätzlich kannst du dem Material reifen Kompost und Gartenerde hinzufügen. Mit einem engmaschigen Drahtgitter lässt sich das Beet von unten gut vor Wühlmäusen und Maulwürfen schützen, was aber nicht unbedingt nötig ist.

ACHTUNG:
Stallmist von Pferden kann Rückstände von Medikamenten wie Antibiotika enthalten. Es ist ratsam, sich vorher im Stall danach zu erkundigen.

Anleitung:

1 Lege Platz und Größe des Hügelbeets fest. Sinnvoll ist eine maximale Breite von 1 bis 1,5 Metern, damit alle Bereiche gut bearbeitbar sind. Die Höhe kann bis zu einem Meter betragen, die Länge je nach Platz ab etwa 2 Meter. Ein schmaler und sehr hoher Aufbau ist nicht empfehlenswert, da Erde und Pflanzen sonst abrutschen könnten. Die Längsseiten sind im Idealfall nach Osten und Westen ausgerichtet, damit das Beet von allen Seiten möglichst viel Sonne bekommt.

2 Hebe die Grundfläche des Hügelbeetes etwa 20 Zentimeter tief aus. Wenn die Fläche von Gras bewachsen ist, Grassoden abstechen und zur Seite legen.

3 Lege die Mulde auf Wunsch mit Drahtgitter aus.

4 Als Erstes werden Baum- und Strauchschnitt etwa 30 bis 40 Zentimeter hoch aufgeschichtet. Sehr grobes Material kannst du mit den Füßen verdichten, kleinere, luftige Zwischenräume sind jedoch erwünscht.

5 Darauf werden Grassoden mit dem Rasen nach unten gelegt sowie Laub, Rasenschnitt oder anderes Schnittgut, ebenfalls etwa 30 Zentimeter dick. Das Beet baust du wie eine flache Pyramide auf. Trockenes Material wässerst du zwischendurch, damit der fertige Hügel junge Pflänzchen mit Feuchtigkeit versorgen kann.

6 Es folgt eine 20 bis 30 Zentimeter dicke Schicht von Stallmist oder halbreifem Kompost.

7 Zum Schluss wird das Beet mit einer etwa 20 Zentimeter dicken Schicht Humus bedeckt. Da ein Hügelbeet schneller austrocknet als ein flaches Beet, empfiehlt es sich, eine Bewässerungsrinne oben auf dem Beet zu formen oder einige Ollas (siehe S. 111) mit Loch einzugraben, damit das Wasser langsam ins Innere des Beetes gelangt. Um schnelles Austrocknen und Erosion zu verhindern, kann das Beet zusätzlich noch mit einer Mulchschicht (siehe S. 116) abgedeckt werden.

Jetzt ist das Beet fertig zum Bepflanzen. Ein im Herbst angelegtes Hügelbeet kann mit einer Gründüngung (siehe S. 148) versehen werden, damit es nicht erodiert und damit mehr Nährstoffe im Boden gebunden werden.

Bepflanzung eines Hügelbeetes

Ein neu angelegtes Hügelbeet wird am besten mit vorgezogenen Setzlingen bepflanzt, da Samen mit der noch losen Erde leicht weggespült werden.

Besonders gut gedeihen Pflänzchen aus Saatgut, die sich auch für Hochbeete eignen.

Das Beet ist im ersten Jahr besonders nährstoffreich, sodass sich vor allem Starkzehrer wie Kürbisse, Zucchini, Tomaten, Gurken, Paprika und viele Kohlsorten wohlfühlen.

Im zweiten Jahr können Mittelzehrer gepflanzt werden, zum Beispiel Kohlrabi, Möhren, viele Salate, Rote Bete, Spinat, Knoblauch und Zwiebeln.

Ab dem dritten oder vierten Jahr folgen Schwachzehrer wie Kräuter, Feld- und Pflücksalat, Erbsen, Buschbohnen, Radieschen, Topinambur und Erdbeeren.

Beim Ausbringen der Setzlinge ist es ratsam, die spätere Größe der Pflanzen zu berücksichtigen. Hoch wachsende Pflanzen wie etwa Topinambur sollten am Fuß des Beetes und am nördlichen Ende gesetzt werden, breitwüchsige Sorten außerdem mit reichlich Abstand zueinander. Kleine Pflanzen wie Salate, Kräuter und Möhren werden südlicher und weiter oben platziert. So haben alle Pflanzen ausreichend Licht und Platz.

Nach spätestens sechs Jahren ist das Hügelbeet so weit ausgelaugt und durch das Verrotten der groben Bestandteile abgesackt, dass es neu angelegt werden sollte. Die Erde ist jedoch wertvoll und kann im Garten verteilt oder für ein neues Hügelbeet verwendet werden.

Kraterbeet

Kraterbeete sehen wie gepflegte Vulkankrater aus, sie haben also eine Senke und niedrige Wände. Regen- und Gießwasser sammelt sich in der Senke und wird dort ein Weilchen gespeichert. Die feuchte Senke sorgt im Sommerhalbjahr für eine kühlere Zirkulation. Im Winter speichert die Senke durch die sie umgebenden Kraterwände mehr Wärme und empfindliche Pflanzen sind vor Wind geschützt. Durch diese Eigenschaften sorgt ein Kraterbeet dafür, dass Pflanzen besser wachsen. Es eignet sich vor allem für Gemüse und Obst. Besonders Tomaten, Paprika und Gurken können davon profitieren – und überhaupt alle Sorten, die relativ viel Wasser benötigen, es aber nur an den Wurzeln mögen. Für Pflanzen mit Ansprüchen dieser Art ist ein Kraterbeet also optimal.

Kraterbeete sind ideal für trockene Sommer und regenreiche Winter – Wetterbedingungen, die auch bei uns in Mitteleuropa immer mehr aufkommen. Auch wenn im Frühsommer

doch noch mal Frost einsetzt oder der September zu kühl und der Oktober zu warm wird, schadet das den Pflanzen im Kraterbeet weniger. Frostempfindliche Pflanzen überleben im Krater eher als im flachen Beet, denn es teilt sich in verschiedene Wärmezonen ein. Im Prinzip ist es ähnlich wie eine Kräuterspirale (siehe S. 56), nur nicht nach oben, sondern nach unten ausgerichtet. Jede Zone hat ein anderes lokales Kleinklima mit unterschiedlichen Feuchtegraden im Boden und verschieden starken Sonneneinstrahlungen. Deswegen ist es für Mischkulturen am besten geeignet.

ZONEN EINES KRATERBEETES

SENKE	WALLABHÄNGE	WALL
▶ feuchter Boden ▶ wenig Wind ▶ Verdunstungskühle im Sommer ▶ Wärmespeicher im Winter ▶ leichte Temperaturschwankungen werden ausgeglichen Die Senke ist ideal für wärmeliebende, frostempfindliche Pflanzen, denen hohe Luftfeuchtigkeit nicht schadet.	▶ je höher, desto trockener ▶ es gibt immer eine schattigere und eine sonnigere Seite Die Wallabhänge sind ideal für Pflanzen, die gern trocken stehen.	▶ besteht aus dem Aushub der Senke und endet etwas 20 cm oberhalb der Bodenoberfläche ▶ wird er im Norden höher als im Süden angelegt, schützt er dessen Pflanzen besser vor Wind und Frost Eine Obsthecke im Norden hinter dem Wall bietet zusätzlichen Schutz und vielen Kleinlebewesen ein Zuhause.

Anleitung:

1. Suche einen geeigneten, sonnigen Standort aus, der mindestens 2 Meter Durchmesser zulässt.

2. Stecke einen Pflock in den Boden und befestige daran eine 1 Meter lange Schnur.

3. Stecke einen 1-Meter-Radius ab.

4. Hebe den Boden innerhalb des Kreises etwa 20 Zentimeter tief kegelförmig aus.

5. Mische den Aushub mit Humus.

6. Lege aus dieser Mischung einen Wall an. Die nördliche Seite kann höher als die südliche sein. Der Wall sollte bis maximal 30 Zentimeter hoch sein.

7. Optional: Senke den Wall am südlichen Ende etwas ab und bringe ein Stück Rollrasen als Weg ein. In der Mitte der Senke erleichtert ein Trittstein die Arbeit.

8. Erdrutsch-Test: Bewässere den Krater mit dem Gartenschlauch. Wenn die Erde abrutscht, ist der Hang zu steil und sollte abgeflacht werden. Ist alles fest, kannst du die Pflanzen säen oder einsetzen.

TIPP:

Wenn du in einer Region mit vielen Frosttagen lebst, kannst du in der Senke einige Steine als zusätzliche Wärmespeicher auslegen. Diese speichern über den Tag die Sonnenwärme und geben sie in der Nacht an den Boden ab.

Bepflanzung eines Kraterbeetes

Gemüse, Obst und Kräuter werden als Mischkultur im Kraterbeet angelegt. So passen zum Beispiel Zwiebeln, Erdbeeren und Minze gut zusammen. Sie halten sich gegenseitig Schädlinge vom Leib und fördern das Wachstum ihres Beetpartners. Auch Auberginen, Buschbohnen, Zucchini, Basilikum und Sellerie sind empfindlich gegen Frost und gedeihen prima im milderen Klima der Kraterbeet-Senke. Die Hänge eignen sich für Gemüse mit durchschnittlichem Anspruch hervorragend: Radieschen, Petersilie, Erdbeeren, Feldsalat, Spinat und Karotten passen gut in Übergangsbereiche. Der Wall ist trocken und mit Abstand der sonnigste Platz. Er ist ideal für wärmeliebende, mediterrane Kräuter wie Thymian, Rosmarin, Basilikum, Oregano, Lavendel, Schnittlauch, Knoblauchgras oder auch Malven und Knoblauch.

Sumpfbeet

Wer eine feuchte Senke oder eine wassernahe Stelle im Garten hat, kann hier einen Raum für Pflanzen mit speziellen Vorlieben anlegen. Nutzpflanzen mögen in der Regel keine Staunässe. Aber zierende Pflanzen wie Schwanenblume, Zyperngras oder Sumpfdotterblume werden diesen Gartenteil lieben.

Ein Sumpfbeet anlegen

Zunächst muss die richtige Stelle ausgewählt werden, denn wichtig für ein Sumpfbeet ist, dass es ständig feucht oder nur kurze Zeit trocken ist. Wer im Garten keine feuchten Senken hat, kann nachhelfen, indem gesammeltes Regenwasser an die entsprechende Stelle geleitet wird. Eine weitere gute Möglichkeit ist es, das Beet direkt an einem Gartenteich anzulegen, der den Boden permanent feucht hält.

Sumpfpflanzen auswählen

Der Boden eines Sumpfbeetes ist feucht bis nass. Das ist optimal für Sumpfdotterblumen, Schwanenblumen, Sumpfwolfsmilch, Wasserminze, Mädesüß und Bachkresse. Am Rande der Sumpfzone fühlen sich auch Petersilie, verschiedene Minze-Sorten oder sogar Schnittlauch wohl. Sie mögen es gerne feucht, aber nicht nass.

TIPP:

Minzen wuchern stark, weil sie Rhizome ausbilden. Hier ist eine Wurzelsperre sinnvoll.

Sandbeet

Ein Sandbeet ist für viele Stauden ideal, weil der Sand direkt auf dem natürlich vorkommenden Boden aufliegt. Du suchst dir eine passende Fläche auf dem Rasen aus, schüttest einfach Sand darauf und pflanzt die Stauden ein, die du dir dafür ausgesucht hast. Das Umgraben, Lockern und Harken ersparst du dir. Der Sand wiederum tut dem Boden und den vielen Stauden gut. Und das hat einen weiteren Vorteil: Du hast mehr Zeit, um den Garten zu genießen.

Die „Sandbeet-Pflanzen“ werden zu vermehrtem Wurzelwachstum angeregt, sodass sie schnell unter der dicken Sandschicht im eigentlichen Boden Wurzeln schlagen. Der Wurzelhals liegt im lockeren Sand, und das mögen sie. Nachdem das Beet angelegt ist und die Bepflanzung wächst, verrottet der darunter liegende Rasen und gibt Nährstoffe frei. Durch diese spezielle Art des Mulchens (siehe S. 116) vermehren sich die Bodenlebewesen, der Humusgehalt nimmt zu. Da Schnecken Sand nicht so sehr mögen, hast du mit ihnen auch weniger Konkurrenz um Nutzpflanzen.

Ein Sandbeet anlegen

Auf die gewünschte Fläche wird eine etwa 20 Zentimeter dicke Schicht Sand auf dem Rasen aufgeschüttet. Wenn das Beet mit einer entsprechend hohen Einfassung aus zum Beispiel Holzlatten begrenzt wird, rutscht das Material an den Rändern nicht weg und bleibt dick genug, um Beikräuter zu ersticken. Auch ein

ausgedienter Sandkasten ist ideal. Da sich der Sand mit der Zeit im Sandbeet absetzt, kann er ruhig etwas höher aufgeschüttet werden. Faustregel: Je dicker die Sandschicht, desto weniger muss man gießen.

Dieser Sand ist ideal

Geeignet ist sowohl rundkörniger feiner Flusssand, auch bekannt als „Spielplatzsand“, als auch rundkörniger Estrichsand mit größerer Körnung. Für ein etwa 4 Quadratmeter großes Sandbeet brauchst du ungefähr 2 Tonnen Sand.

Pflanzen für das Sandbeet

Grundsätzlich eignen sich fast alle Stauden. Natürlich sind aber auch der Standort und die Bodenqualität unter dem Sand entscheidend. Wilde Stauden passen genauso wie Kultivare.

Wildstauden passen optisch gut zur Sandfläche. Es funktionieren aber auch Prachtstauden wie Rittersporn oder Phlox. Der Experimentierfreude sind keine Grenzen gesetzt. Nur Zwiebelblumen, Nässe liebende Stauden oder Blumenwiesenmischungen zum Aussäen eignen sich nicht für die tiefen Sandbeete. Ideal ist ein sonniger Platz. Die beste Zeit für die Anlage beginnt im Frühjahr und währt bis in den Herbst hinein.

Pflege des Sandbeetes

Du pflanzt wie gewohnt. Das Düngen kannst du dir sparen. In den ersten Wochen solltest du dennoch regelmäßig gießen, bis die Wurzeln den Boden erreicht haben. Danach muss man fast nichts mehr tun und nur noch in extremen Trockenphasen gießen. Denn der Sand hält den Boden feucht und erleichtert das Jäten.
Ab dem vierten Jahr müssen einige Pflanzen eventuell geteilt werden.

In einem sonnigen Sandbeet fühlen sich hitzeverträgliche Stauden wie Präriekerze, Gelber Scheinsonnenhut, Netzstern-Mädchenauge, Salbei, Schafgarbe (siehe S. 179), Kokardenblume, Nachtkerze, Eisenkraut, Duftnessel, Katzenminze (siehe S. 177), Perlkörbchen, Zwergige Wild-Aster, Königskerze, Edeldistel, Blaustrahlhafer und Mexikanisches Federgras wohl.

Kräuterspirale

Eine Kräuterspirale ist nicht nur eine optische Bereicherung im Garten, sie ermöglicht es auch, Kräuter mit ganz unterschiedlichen Bedürfnissen auf engem Raum anzubauen. Gleichzeitig schafft sie einen Lebensraum für jede Menge Nützlinge.

Das aus der Permakultur hervorgegangene Beetkonzept ist etwas anspruchsvoller als ein herkömmliches Flachbeet. Doch mit der folgenden Schritt-für-Schritt-Anleitung gelingt es auch Gartenneulingen und handwerklich weniger erfahrenen Menschen, eine eigene Kräuterspirale zu bauen.

Materialien für die Kräuterspirale

Bevor du mit dem Bau der Kräuterspirale beginnst, empfiehlt es sich, das benötigte Material zu besorgen. Besonders preiswert und umweltfreundlich wird das Projekt, wenn du alte Materialien recycelst – beispielsweise ausgediente Ziegelsteine oder unbelasteten Bauschutt wie Beton-Bruch, gebrochene Gehwegplatten oder Ähnliches.

Weil zwischen den einzelnen Bauabschnitten im besten Fall immer etwas Zeit verstreicht, damit sich die Materialien setzen können, besteht aber auch immer die Möglichkeit, zu knapp kalkulierte Baustoffe zu ergänzen. Für die Vorarbeiten werden folgende Materialien benötigt:

- Naturgarn, Wäscheleine oder Ähnliches, einige stabile Stöcke
- Schubkarre, Schaufel, Spaten

Als Baumaterial für die Kräuterspirale werden gebraucht (genaue Mengenangaben weiter unten):

- Ziegelsteine oder ähnlich große Natursteine, Bauschutt (kalkhaltig, schadstofffrei)
- Kies, Gartenerde, Sand, Kompost
- eine Zink- oder Mörtelwanne (mindestens 45 Liter, am besten aus unbedenklichem und langlebigem Polyethylen) oder Teichfolie (umweltfreundliche EPDM-Folie ohne PVC) für den Mini-Teich

Welche Materialmengen du benötigst, hängt von der Größe der Kräuterspirale ab. Im Beispiel gehen wir von einem Durchmesser von 2,80 Meter aus. In dieser Größe bietet die Spirale viel Platz für mehrere Kräuter, gleichzeitig kommt man später von außen noch an alle Pflanzen heran. Wer über weniger Platz verfügt, baut sich eine deutlich kleinere Spirale und verringert die Mengen entsprechend.

Zur Orientierung hier eine Auflistung der Mengen, die für eine Kräuterspirale mit einem Durchmesser von 2,80 Metern und 70 Zentimeter Höhe in etwa benötigt werden:

- 7 bis 9 Schubkarren Kies
- 5 bis 7 Schubkarren Sand
- 350 bis 400 Ziegelsteine
- 8 bis 12 Schubkarren Schutt
- 5 bis 7 Schubkarren Gartenerde
- 4 bis 6 Schubkarren Kompost

TIPP:

Wer keine Wanne aus Metall hat und dennoch eine Teichwanne ohne Plastik verwenden möchte, kann als Alternative ein halbes Weinfass nutzen.

TIPP:

In Kleinanzeigen-Portalen findet man immer wieder Angebote, in denen kostenlos kleine Mengen Baumaterial abzugeben sind. Auch Baustellen, auf denen Gebäude abgerissen werden, können eine gute Anlaufstelle sein, um nach Alt-Material zu fragen.

Die Ausrichtung der Kräuterspirale

Um ein optimales Klima für die verschiedenen Kräuter zu erhalten, ist es wichtig, dass die Kräuterspirale so ausgerichtet ist, dass das Ende der Spirale mit der Feuchtzone Richtung Süden zeigt.

Eine Kräuterspirale bauen

Die Kräuterspirale wird vom Boden aus schrittweise errichtet. Damit sich die Materialien setzen können – wodurch das Bauwerk an Stabilität gewinnt –, empfiehlt es sich, nach jedem Bauschritt ein bis zwei Tage Pause einzulegen. Auch der eine oder andere Regenguss ist hilfreich, damit sich die Materialien verdichten.

Grundfläche festlegen: Im ersten Schritt markierst du die Grundfläche. Dazu befestigst du zwei Stöcke im Abstand des Radius der geplanten Schnecke jeweils an einem Ende einer Schnur. Stecke dann einen Stock dort in den Boden, wo sich später der Mittelpunkt der Spirale befinden soll. Mit dem anderen Stock zeichnest du wie mit einem riesigen Zirkel die Grundfläche vor. Falls der Stock nicht ausreicht, um eine Markierung zu hinterlassen, nimm eine kleine Schaufel hinzu und stich die Grundform der Spirale Stück für Stück auf dem Untergrund ab.

Drainage anlegen: Hebe nun auf ungefähr zwei Dritteln der Kreisfläche den Boden etwa 10 bis 20 Zentimeter tief aus und fülle das entstandene Loch mit Kies. Das verbliebene Drittel beherbergt später heimische Kräuter, die an die vorliegenden Bedingungen angepasst sind, und braucht deshalb keinen Unterbau.

Kegel aus Schutt errichten: Anschließend errichtest du im Zentrum

der Spirale einen Kegel aus Schutt, der später als Drainageschicht für mediterrane Kräuter dient, die auf trockenem, durchlässigem Boden am besten gedeihen. Zudem setzt der zerfallende Schutt nach und nach Kalk frei, der den Kräutern als Dünger dient. Zu guter Letzt trägt die Schicht aus festem Material auch zur Stabilisierung der Kräuterspirale bei.

Mauern und füllen: Im letzten Schritt wird die Trockenmauer der Kräuterspirale errichtet und der Pflanzbereich je nach Zone mit dem Pflanzsubstrat aus Sand, Kompost und Gartenerde gefüllt (zur richtigen Zusammensetzung siehe Abschnitt „Erdmischungen für die Klimazonen").

Dabei gehst du am bestens abwechselnd vor: Erst einige Reihen mauern und dann das Pflanzsubstrat (je nach Zone) einfüllen. Dabei kann der

Schutt in die innere Mauer integriert werden. Das spart vergleichsweise teure Ziegelsteine, und der innere Kern der Mauer ist später ohnehin nicht mehr zu sehen. Damit die Trockenmauer stabil steht, ist es wichtig, die Steine versetzt (mit Kreuzfugen) zu legen. Zudem sollte die Mauer insgesamt leicht nach innen geneigt sein.

Prüfe beim Bau der Mauer immer wieder die Abstände zwischen den Mauerteilen und stelle sicher, dass die Windungen der Spirale gleichmäßig verlaufen. Wenn die letzten Steine liegen, wird der Innenbereich so weit aufgefüllt, dass ein bis zwei Steinreihen freiliegen.

Teich anlegen: Zum Schluss hebst du ein Loch für den Mini-Teich am Fuß der Kräuterschnecke aus und gräbst den Kübel bis zur Oberkante ein. Alternativ kannst du im Loch eine schützende Sandschicht ausbringen und das Loch mit Teichfolie auskleiden. Der fertige Teich wird bis etwa 10 bis 20 Zentimeter unter den Rand mit Sand und/oder Kies und anschließend mit Wasser befüllt.

Kräuterspirale bepflanzen: Wenn die Spirale fertig gebaut ist und die Materialien Zeit hatten, sich ein wenig zu setzen (ein Regenguss oder alternativ einige Minuten Bewässerung mit dem Gartenschlauch beschleunigen den Prozess), muss eventuell noch etwas Erdgemisch ergänzt werden. Dann kann endlich gepflanzt werden. Welche Pflanzen sich für welche Bereiche eignen, erfährst du etwas weiter unten.

Erdmischungen für die Klimazonen

Um optimale Bedingungen für unterschiedliche Pflanzenarten zu schaffen, wird die Kräuterspirale von unten nach oben mit unterschiedlichen Mischungen aus Gartenerde, Sand und Kompost gefüllt. Während am Fuß der Schnecke der Anteil an Erde und Kompost besonders hoch ist, wird im zentralen, oberen Bereich eine trockene, sandige Zone geschaffen, in der sich wärmeliebende Kräuter wohlfühlen, die ursprünglich im Mittelmeerraum zu Hause sind.

Bei der Zusammenstellung kannst du dich an folgenden Bereichen orientieren:

- Sumpfzone: ¾ Gartenerde, ¼ Kompost
- Feuchtzone: ½ Gartenerde, ½ Kompost
- Übergangszone: jeweils ⅓ Sand, Gartenerde und Kompost
- Mediterrane Zone: ⅔ Sand, ⅓ Gartenerde und etwas Kompost

Die passenden Kräuter wählen

Die Auswahl geeigneter Kräuter ist groß, und bestimmt gibt es für jedes deiner Lieblingskräuter ein optimales Plätzchen in der Kräuterschnecke. Auf Grundlage der Bodenverhältnisse und des Mikroklimas lassen sich folgende Zonen unterscheiden (von unten nach oben):

- Sumpfzone: z. B. Dill, Kerbel, Pimpinelle, Brunnenkresse
- Feuchtzone: z. B. für Liebstöckel, Petersilie, Schnittlauch
- Übergangszone: z. B. für Estragon, Koriander, Oregano
- Mediterrane Zone: z. B. für Bohnenkraut, Lavendel, Rosmarin, Salbei, Thymian

Steppenbeet

Das Steppenbeet ist ein extrem pflegeleichter Hingucker. Vor allem kommen die Pflanzen gut mit Hitze, Trockenheit und auch mal mit zu viel Wasser aus, denn sie stellen wenig Ansprüche an ihre Umgebung.

Steppen bestehen zu fast 100 Prozent aus Gräsern, Wildkräutern und Wildblumen. Du musst dir nur darüber klar werden, wie dein Beet aussehen soll. Soll eine Art Gräsermeer entstehen mit einigen farbigen Blütentupfern? Oder möchtest du eher ein buntes Beet zwischen Nutzpflanzen oder an der Terrasse anlegen? Dann könnten Blütenstauden mit Ziergräsern und Kräutern eine geeignete Variante sein. Es bietet sich an, höhere und niedrigere Pflanzen miteinander zu kombinieren.

Standort und Pflanzen für ein Steppenbeet

Ein Steppenbeet braucht einen halb- bis vollsonnigen Standort mit tiefgründigem Boden, in dem sich keine Staunässe bildet. Lehmböden sind ungeeignet, magere Böden hingegen dürfen es durchaus sein.

Am besten legst du dein Steppenbeet im Frühling an. Die Ziergräser und Stauden sollten sowohl winterhart als auch mehrjährig sein. Je nachdem, wie schnell die Pflanzen Wurzeln schlagen, bildet das Steppenbeet nach einem Jahr eine dichte Pflanzendecke. Beikräuter sind willkommen. Kurz vor dem Frühjahr schneidet man alle Pflanzen kräftig zurück.

Mögliche Pflanzen sind: Klatschmohn, Schönhütchen, Schafgarbe (siehe S. 179), Schmalblättriger Lein, Kokardenblume, Ehrenpreis, Vergissmeinnicht, Rutenhirse, Amaranth, Federgräser, Moskitogras, Wolliges Honiggras.

Wasser? Bitte nicht zu viel!

Normalerweise reicht der Niederschlag, zu dem auch der Morgentau zählt, aus. Falls einige Pflanzen bereits morgens schlapp sein sollten, sollte das Beet ausgiebig gewässert werden. Ein kräftiger Guss mit dem Schlauch hilft den Steppenpflanzen mehr, als täglich etwas Wasser zu erhalten.

Mit einem Steppenbeet lässt sich die Artenvielfalt im Garten erhöhen. Viele der Stauden und Gräser blühen vom Frühsommer bis in den Herbst. Ihr Nektar lockt zahlreiche Insekten wie Bienen, Schwebfliegen und Schmetterlinge an. Die Samen der Gräser mögen viele Vögel wie Meisen, Dompfaffen und Stieglitze gerne. Und sie bieten Verstecke für Kleinstlebewesen.

„Landschaften" anlegen und gestalten

Egal, ob du einen größeren oder kleineren Garten hast: Mit vergleichsweise einfachen Mitteln kannst du freie Flächen so umgestalten, dass unterschiedliche Mini-Landschaften mit entsprechendem Kleinklimata (siehe S. 38) entstehen. Dazu gehören verschiedene Beetvarianten (siehe S. 40), die auch den vertikalen Raum nutzen oder die Pflanzung von Hecken und Solitärbäumen, die für Abkühlung und Beschattung kleinerer Pflanzen sorgen. Durch einen Mini-Teich lässt sich ebenfalls ein spezielles Mikroklima schaffen, das starker Trockenheit entgegenwirkt und als wichtige Trink- und Abkühlungsmöglichkeit für Wildtiere dient.

Hecken

Sträucher und Hecken halten den Wind ab, filtern Staub, speichern Kohlendioxid und spenden Schatten. In ihrem Windschatten bildet sich mehr Tau, sodass der Boden länger feucht bleibt. Den besten Windschutz liefert eine mehrreihige Wildstrauchhecke, die weitestgehend unbearbeitet wachsen darf. Sie bietet Vögeln und Insekten zusätzlich Nahrung und Verstecke, braucht allerdings zwischen 3 und 4 Metern Platz in der Breite. Alternativ kannst du eine Art kleine Wallhecke pflanzen, in der sich Sträucher, zum Beispiel Hasel, Holunder, Hagebutte, Felsenbirne (siehe S. 163) oder Schlehe, mit einzelnen Bäumen abwechseln. So eine Wallhecke eignet

sich auf dem Land oder wenn der Garten an eine größere, freie Fläche wie etwa ein Feld oder eine Wiese grenzt.

Benjeshecke – ein Wall aus Gartenresten

Benjeshecken bestehen aus Totholz und Grünschnitt und sind für die Artenvielfalt besonders wertvoll. Denn sie werden von zahlreichen Insekten und Kleinstlebewesen bewohnt. Der tote Grünschnitt aus Ästen, Zweigen und Laub verrottet langsam und es dauert eine Zeit, bis sich durch den Kot von Vögeln und Kleinsäugern Pflanzensamen darauf niederlassen und keimen. Dann entsteht auf der verrottenden Grundlage in den darauffolgenden Jahren eine etwas wilde, stabile, natürliche Hecke. Sie sackt mit der Zeit leicht ab und kann jedes Jahr wieder mit neuem Totholz aufgefüllt werden. Selbstverständlich kannst du auch lebende Pflanzen mit ansiedeln, wenn du die Hecke dadurch schöner gestalten möchtest. Damit keine Teile herausgeweht werden, wird die Benjeshecke am besten in einem windstillen Bereich des Garten errichtet.

Wenn du die Benjeshecke selbst anlegst, brauchst du eine gerade Anzahl angespitzter, etwa 1,5 Meter hoher Pfähle, die du jeweils gegenüber mit etwa 1 bis 1,5 Meter Abstand in den Boden schlägst. Dazwischen kommt gleichmäßig – nicht zu fest, aber auch nicht zu lose – Totholz und Grünschnitt.

Solitäre Bäume und Sträucher einbeziehen

In der Landwirtschaft wird seit einigen Jahren die uralte Methode „Agroforst" wieder modern. Dabei werden zwischen den eigentlichen Kulturen, wie zum Beispiel Getreide oder Kohl, Reihen von Obststräuchern und Nussbäumen gesetzt. Die tief wurzelnden Gehölze schützen den fruchtbaren Boden vor Erosion, die durch zunehmende Extremwetterereignisse verstärkt wird. Wenn die Bäume und Sträucher groß genug sind, bewahren sie die darunter stehenden Kulturen vor zu viel Sonne und sorgen gleich noch für eine zusätzliche Ernte. Das Prinzip lässt sich auch im Garten umsetzen.

Bei der Wahl des Standorts und der Pflanzenart gibt es Einiges zu bedenken. Nicht zu empfehlen sind Bäume, die sehr groß werden oder nadeln. Denn herabfallende Nadeln versauern den Boden. Außerdem empfehlen sich Tiefwurzler, die auch dem einen oder anderen Sturm trotzen und ausreichend Platz für darunter wachsende Pflanzen lassen.

Ein tiefwurzelnder Maulbeerbaum (siehe S. 165) kann zum Beispiel sehr gut Schatten für eine kleine Terrasse und eine sonnige Hauswand spenden. Die Felsenbirne (siehe S. 163) ist ein tief wurzelnder Strauch und kommt mit Bodendeckern gut zurecht. Auch ein Halbschatten liebendes Kräuterbeet fühlt sich unter ihr wohl. Beide Arten vertragen Hitze, Trockenheit, Nässe und städtisches Klima.

Kleine Hausbäume werfen ebenfalls Schatten. Zur Straße oder zum Nachbarn hin können schmal bleibende Bäume und Sträucher, wie Mehlbeere (siehe S. 171), Säulenapfel und Kornelkirsche leichten Sichtschutz liefern. Alle drei sind auch gut geeignet zur Beschattung von Blumenbeeten und damit für eher kleine Hausgärten.

HINWEIS:

Pflanze größere Bäume nicht zu nah am Haus, sonst musst du regelmäßig die Dachrinnen von Laub und Zweigen reinigen. Außerdem können die sich ausbreitenden Wurzeln das Mauerwerk beschädigen.

Pflanze nicht zu viele Bäume in den Garten. Es wächst nicht nur die Krone, sondern auch die Wurzel. Hast du einen Reihenhausgarten, so befindet sich viel versiegelte Fläche darum herum und die Wurzeln suchen sich ihren Weg. Stehen nach zwanzig bis vierzig Jahren zu viele Bäume im Garten, wird der Boden knapp für Blumen, Kräuter oder Gemüse, weil er stark verwurzelt ist.

Mini-Teich für Terrasse oder kleine Gärten

Wenn für eine ausgiebige Teichlandschaft der Platz fehlt, ist ein Mini-Teich eine gute Alternative. Als gern genutzte Wasserquelle für Insekten und Vögel bietet er gerade an heißen Tagen den so dringend benötigten Hitzeausgleich. Genau wie im Gartenteich lassen sich auch im Mini-Teich verschiedene Wassertiefen herstellen. Passende, heimische Pflanzen für unterschiedliche Tiefen bekommst du im Fachhandel.

Materialien:

- 1 frostbeständiges Gefäß (z. B. Holzfass, Edelstahlwanne, Steingut, PVC-freier Hartkunststoff), etwa 50 cm tief, mindestens 50–60 Liter Wasservolumen
- eventuell Teichfolie zum Abdichten (0,5 mm stark, EPDM-Folie, PVC-frei)
- nährstoffarme, torffreie Teicherde oder feiner quarzhaltiger Kies plus gewaschener quarzhaltiger Kies zum Abdecken und kaschieren (z. B. Körnung 6–18 mm)
- granit- oder quarzhaltige größere Steine
- Teichpflanzenkörbe, Wasser- und Sumpfpflanzen für eine Tiefe bis 50 cm, Wasser, ggf. ein kleiner Eimer als Einfüllhilfe

HINWEIS:
Verwende keine Kalk- und Sandsteine, denn sie erhöhen den pH-Wert des Wassers und das fördert Algen, die wiederum dem Wasser Sauerstoff entziehen.

Der Standort eines Mini-Teiches ist entscheidend. Er sollte maximal sechs bis sieben Stunden in der Sonne stehen, damit sich das Wasser nicht zu sehr erwärmt. Halbschatten ist ideal.

So baust du deinen Mini-Teich:

1. Kleide das Gefäß bei Bedarf mit Teichfolie aus. Bei einem wasserdichten Gefäß kannst du auf die Folie verzichten.

2. Hebe eine ausreichend große Grube aus und versenke das Gefäß darin. Der Rand sollte auf gleicher Höhe mit dem Erdboden liegen.

3. Modelliere anschließend mit größeren Steinen verschiedene Höhenstufen für unterschiedliche Pflanzenarten.

4. Damit die Pflanzen später nicht abdriften, gib etwas Teicherde oder feinen Kies unten in die Pflanzkörbe, bevor du die Pflanzen aus ihren Töpfen nimmst und in die Körbe setzt. Fülle den Pflanzkorb ringsum mit Substrat bis kurz unter den Rand auf. Die letzten 1 bis 2 Zentimeter bis zum Korbrand werden mit gröberen Kies aufgefüllt, um die Pflanzen im Teich zu stabilisieren.

5. Setze die fertigen Pflanzkörbe auf die zur Pflanzenart passenden Stufe in den Teich ein und kaschiere mit groberem Kies noch unansehnliche Stellen.

6. Wenn alle Pflanzen und das Substrat platziert sind, kannst du das Wasser einfüllen.

Zu viele Nährstoffe fördern Algen. Abgestorbene Pflanzenteile sollten deshalb regelmäßig entfernt werden. Die Wasserpflanzen reinigen das Wasser, sodass eine Pumpe nicht nötig ist. Zudem mögen Schwimmblattpflanzen keine Bewegung.

Trink- und Abkühlungsmöglichkeiten für Vögel und Insekten

Ob auf der Terrasse, dem Balkon oder im Garten – an einer Wasserstelle laben sich Vögel gerne. Ist sie noch dazu so aufgestellt, dass die Tiere sich unbeobachtet fühlen, erhalten Menschen oft ein nettes Vogelkino. Meistens trinken die Vögel nicht nur, sondern baden auch. Deshalb sollte das Wasser einmal täglich gewechselt werden.

Wasser für Vögel: Du kannst eine flache Schale mit Wasser so aufstellen, dass Vögel entweder einen freien Rundumblick genießen können, oder erhöhen, damit sich Katzen und Eichhörnchen nicht unbemerkt anpirschen können.

Wasser für Insekten: Es genügt eine flache Schale mit Wasser und kleinen Steinen, die über den Rand der Schale hinausragen. So können Insekten trinken, ohne zu ertrinken.

Sandbad für Singvögel

Für viele Vogelarten wie Hühner, Spatzen, Amseln und Elstern ist der Sommer ideal, um lästige Parasiten loszuwerden. Die Tiere putzen sich zwar regelmäßig und baden bei Gelegenheit, allerdings nicht nur mit Wasser. Sie brauchen auch Sand oder Staub, um sich von lästigen Milben und anderen Parasiten zu befreien. Wie im Wasser schlagen Vögel im Sand mit den Flügeln und schütteln sich danach ausgiebig. Diese Prozedur wiederholen sie ein paar Mal. Danach genießen sie eine Ruhezeit im Sonnenschein und legen sich in den Sand. Bei Hitze sterben einige Parasiten, und anderen wird es deutlich zu warm und sie krabbeln von ihrem Wirt herunter.

Ein Sandbad für Vögel bereitzustellen, ist ganz einfach. Sie sind da anspruchslos. Du kannst einige Handvoll Sand in einen Topfuntersetzer oder eine natürliche Mulde rieseln lassen. Der Sandplatz sollte ebenso wie die Tränke von allen Seiten für die Vögel einsehbar sein. Liegen daneben flache Steine, setzen sie sich danach hin. Dabei krabbeln die letzten Parasiten aus den Federn.

Pflanzengemeinschaften – auf gute Nachbarschaft

Wer sich gut miteinander verträgt, schützt die Gemeinschaft vor Feinden und anderen Unannehmlichkeiten. Deshalb ist es sinnvoll, Pflanzen so zu säen und zu setzen, dass sie sich gegenseitig vor Schädlingen schützen. Dadurch hast du weniger Arbeit und oft auch mehr Ertrag.

Misch- statt Monokultur

Ein gezielter Anbau unterschiedlicher Nutzpflanzenarten auf einem Beet hat viele Vorteile gegenüber der Monokultur. Denn viele Arten gedeihen in passenden Gemeinschaften besser als einzeln. Das lässt sich in natürlichen Wiesen gut beobachten, denn deren Arten stehen nicht zufällig zusammen, sondern so, wie es für sie sinnvoll ist. Wer die passenden Nachbarn zusammen anbaut, erntet mehr, hat mehr Auswahl an Nutzpflanzen, weniger Schädlinge und Krankheiten, setzt Wasser dosierter ein, weil alle einen ähnlichen Bedarf haben, und nutzt den Standort bodenschonend. Pflanzengemeinschaften brauchen zudem weniger Platz und liefern mehr Ertrag pro Fläche.

Damit du möglichst wenig düngen und gießen musst, sollten die Ansprüche an die Nährstoff- und Wasserversorgung der jeweiligen Beetgemeinschaften zusammenpassen. Durch die gemeinsame Pflanzung von Tief- und Flachwurzlern sorgst du für weniger Konkurrenz um Platz und Nährstoffe. Eine Gründüngung (siehe S. 148) im Winterhalbjahr lockert und lüftet den Boden, schützt ihn vor Erosion und führt ihm neue Nährstoffe zu.

Sonneneinstrahlung und Verdunstung bedenken

Die Anpassung an den Klimawandel glückt besonders gut, wenn höher wachsende Pflanzen wie die Johannisbeere zwischen Schatten liebenden, niedrigeren Pflanzen stehen oder schmal wachsende Kohlrabi mit breit wachsenden Pflücksalaten kombiniert wird.

Der Boden sollte möglichst bedeckt sein. Zu Beginn werden die noch kahlen Stellen im Beet am besten mit Mulchen bedeckt, später sorgen die Niederblätter der Pflanzen für Schatten und Bodenschutz. Gut funktionierende Kombinationen sind zum Beispiel:

- Rote Bete, Lauch und Mangold
- Radieschen, Kresse und Gurke
- Petersilie, Frühlingszwiebel und Erdbeere
- Basilikum und Tomate

Milpa-Beet

Milpa ist ein landwirtschaftliches System, das von den Ureinwohnern Mittel- und Südamerikas und ihren Nachfahren seit Jahrhunderten betrieben wird, bei dem auf einer Fläche statt einer Pflanze drei Arten angebaut werden: Mais, Bohnen und Kürbisse. Diese drei bilden als Mischkultur eine so traumhafte Symbiose, dass sie als die „Drei Schwestern“ bekannt sind. Wer sie nicht mag, kann stattdessen auf andere Mischkulturen setzen, beispielsweise auf die eben erwähnte

Kombination von Erdbeeren, Petersilie und Frühlingszwiebeln.

Beim herkömmlichen Milpa dient der Mais als Rankhilfe für die Bohnen, die wiederum Mais und Kürbis über ihre Wurzeln mit Stickstoff versorgen und den Boden verbessern. Der Kürbis dient als Bodendecker, der mit seinen großen Blättern die Feuchtigkeit in der Erde hält und sie durch Beschattung vor dem Austrocknen schützt. Bei der Mischkultur mit Erdbeeren gibt es keine Rankhilfe, denn die beiden anderen Arten benötigen diese nicht. Petersilie wächst buschig, Lauchzwiebeln gerade und Erdbeeren bedecken mit ihren Ausläufern den Boden. Bei dieser Variante hilft Sand oder Stroh als Mulch (siehe S. 116), damit die Erdbeeren besser vor Schnecken geschützt sind und nicht auf der Erde aufliegen.

Erbsen-Tipi

Ein Erbsen-Tipi ist ganzjährig ein Gewinn – im Frühling lässt sich beobachten, wie die Saat aufgeht, im Sommer spendet es Schatten und im Spätsommer viele Erbsen. Die Blüten sind eine gute Bienenweide. Die beste Pflanzzeit ist Mitte April bis Mitte Mai, je nachdem, wann das Frühjahr dauerhaft warm wird. Durch die klimatischen Veränderungen können sich die Pflanzzeiten nach und nach verschieben. Auch deshalb ist es sinnvoll, den Garten im Sinne der Permakultur (siehe S. 25) zu beobachten und die eigenen Routinen immer wieder anzupassen.

Anleitung: Du brauchst Bohnenstangen (2 bis 3 Meter), eine Schnur, Erbsensamen, Wasser zum Angießen der Saat sowie ggf. eine Leiter.

1. Suche einen Platz für das Erbsen-Tipi aus und lege mit der Schnur einen Kreis in passender Größe auf den Boden.

2. Lockere die Erde entlang des Kreises auf, um sie für die Aussaat der Erbsen vorzubereiten.

3. Stecke die Stangen mit dem dickeren Ende in regelmäßigen Abständen von etwa 20 Zentimetern tief in den Boden entlang des Kreises. Binde dann die Spitzen oben fest mit Schnur zusammen.

4. Säe bis zu sechs Samen rund um jeden Stock in die Erde und gieße die Saat ausgiebig an. Es dauert etwa einen Monat, bis das Erbsen-Zelt wächst. Je nach Beschaffenheit der Erde empfiehlt es sich, die gekeimten Erbsen gelegentlich mit etwas Düngung zu versorgen.

TIPP:

Wähle einen Platz auf dem Rasen anstelle eines Beets aus und setze an einer Stelle die Bohnenstangen etwas weiter auseinander. So entsteht ein Eingang und das Tipi kann im Sommer als kühler Sitzplatz oder als Kinderversteck dienen.

Wiese statt Rasen

Blühende Wiesen werden immer seltener, dabei brauchen sie sehr viel weniger Wasser als Rasen, schützen den Boden vor Erosion und liefern uns bunt-wilde Blüherlebnisse sowie der Tierwelt Nahrung. Deshalb empfiehlt es sich auch, die verblühten Halme und Blütenreste bis ins neue Jahr hinein nicht abzumähen, denn viele Insekten überwintern an den Halmen und Wurzeln und zahlreiche Vögel finden nahrhafte Samen in den verblühten Pflanzen.

Eine Wiese gedeiht auch auf schattigeren oder sehr sonnigen Flächen und lässt sich mit wenig Aufwand anlegen.

Anleitung: Entscheide dich am besten für eine samenfeste Mischung heimischer Wildblumen, die zu den Gegebenheiten in deiner Region und zum Kleinklima des gewählten Standorts passt. Im Zweifel kannst du dich im Fachhandel beraten lassen.

Noch nachhaltiger ist es, die Samen direkt in der Natur zu sammeln.
Das erfordert zwar etwas mehr Arbeit und Vorausplanung, bringt aber auch das gewünschte Resultat. Samen von Mohn, Melisse, Schlüsselblume, Kamille, Gundermann, Königskerze, Schafgarbe, Natternkopf, Wicke, Kornblume, Weißem und Rotem Klee, Steinklee, Barbarakraut und anderen wild blühenden Pflanzen sind schnell identifiziert und gesammelt.

Aussäen solltest du möglichst gleichmäßig. Da die Saat sehr fein ist, mische sie am besten mit Sand. Viele der wild blühenden Schönheiten sind Lichtkeimer, ihre Samen dürfen nicht von der Erde bedeckt werden. Deshalb ist es ratsam, sie nur mit den Schuhen etwas anzudrücken. Anschließend musst du nur noch die ganze Fläche gleichmäßig feucht halten.

Der ideale Aussaat-Termin ist im Spätsommer, denn viele Wildblumen sind sogenannte Kaltkeimer. Nachdem die Samen überwinterten, sprießen die Pflanzen im kommenden Frühling. Und spätestens im nächsten Frühling hast du eine herrlich bunte Wiese mit vielen Pflanzen, deren Pracht und Vielfalt von Jahr zu Jahr zunimmt. Die Wiese wird zu einem Paradies für nützliche Insekten werden und schon bald kannst du dich unter anderem an Bienen, Käfern, Florfliegen und Schmetterlingen erfreuen.

Wenn du noch andere nützliche Besucher in deinen Garten locken möchtest, kannst du auch einen Reisighaufen als Schutz für Igel und Spitzmäuse einrichten oder einen Steinhaufen auftürmen, auf dem sich Eidechsen im Sommer sonnen. Auch ein kleines Insektenhotel hilft Nützlingen, einen Unterschlupf zu finden.

Mischkultur für gegenseitige Stärkung und mehr Ertragssicherheit

Durch extreme Witterungsbedingungen wie lang anhaltende Trockenheit, Starkregen und Hagel sind Pflanzen besonders anfällig für Schädlinge und Krankheiten. Wer naturnah gärtnern will, greift dann nicht zum chemischen Insektenvernichtungsmittel. Durch eine gezielte Mischkultur nach den Prinzipien der Permakultur (siehe S. 25) lassen sich Risiko und Ausmaß der Störenfriede über das gesamte Gartenjahr hinweg auf ökologische Weise beeinflussen. Zudem halten bewusst angesiedelte Nützlinge Fressfeinde ohne unerwünschte Nebenwirkungen in Schach. Gegen schädliche Bakterien, Pilze und Fraßinsekten helfen pflanzliche Auszüge. Sie sind umweltverträglich und tragen auch gleich zur Düngung und Stärkung deiner Pflanzen bei.

Weil der wirksamste Schutz gegen Schädlinge darin besteht, ihnen erst gar keine Chance zu geben, solltest du schon bei der Bepflanzung auf bewährte Mischkulturen setzen. Mit dem passenden Nachbarn im Beet wirst du Läuse, Schnecken und Co. im besten Fall gar nicht erst zu Gesicht bekommen.

Blattläuse fernhalten

Blattläuse befallen bevorzugt junge Blätter und Triebe und vermehren sich bei optimalen Bedingungen rasant.

Gegen Läuse an Bohnen pflanzt man am besten Bohnenkraut in direkter Nachbarschaft. Bei Dicken Bohnen eignet sich Hafer. Kohlsorten werden durch den Kerbel nebenan geschützt. Unter Obststräuchern und -bäumen helfen Kapuzinerkresse und Brennnesseln, die sich auch allgemein positiv auf ein gesundes Wachstum der Obstpflanzen auswirken.

Läuse am Salat sind besonders ärgerlich, denn vom zarten Grün bleibt kaum etwas übrig und das Säubern wird zur Geduldsprobe. Wenn du Kerbel neben den Salat pflanzt, wird er weniger anziehend für die kleinen Sauger sein. Bei Rosen helfen Salbei und Lavendel als Unterpflanzung, sie halten zugleich Beikräuter fern. Ganz allgemein hilfreich sind Pflanzungen mit Gartenkresse und Tagetes sowie Petersilie, Zwiebeln und Minze, da Läuse die von ihnen ausgehenden Gerüche nicht mögen.

Um eine Ausbreitung des Kartoffelkäfers frühzeitig einzudämmen, solltest du Käfer, Larven und Eier immer sofort absammeln. Da der Käfer tief im Boden überwintert, ist ein jährlicher Beetwechsel ebenfalls hilfreich. Als weitere Gegenmaßnahme kannst du Holzasche oder Gesteinsmehl auf die mit Eiern und Larven befallenen Blätter streuen. Sie trocknen den Schädlingsnachwuchs aus und dienen gleichzeitig als Dünger.

Kartoffelkäfer fernhalten

Kartoffelkäfer können sehr hartnäckig sein. Die Käfer und Larven des aus Nordamerika stammenden Krabbeltiers ernähren sich bevorzugt von den Blättern der Kartoffelpflanze, machen aber auch vor anderen Nachtschattengewächsen wie Tomaten und Auberginen nicht Halt. Dazwischen gepflanzter Meerrettich, Spinat und Erbsen helfen, das Insekt fernzuhalten. Als besonders effektiv hat sich Kümmel erwiesen, den du ebenfalls zwischen die einzelnen Kartoffelpflanzen setzen kannst.

Kohl ohne Kohlweißling

Die Raupen des Kohlweißlings haben es besonders auf die Blätter von Kohlpflanzen abgesehen. Abwehrende Duftstoffe stark riechender Pflanzen wie Beifuß, Salbei und Thymian sowie Eberraute, Pfefferminze und Schnittsellerie als Randbepflanzung halten den Schmetterling und seine Raupen fern. Solltest du dennoch einen Befall mit Kohlweißling-Raupen entdecken, hilft zeitnahes Absammeln, um die Ausbreitung zu vermeiden.

Radieschen gegen Erdflöhe

Ein weiterer hartnäckiger Fraßschädling ist der Erdfloh, bei dem es sich um eine kleine, hüpfende Käferart handelt. Ein Befall durch diesen Pflanzenfresser zeigt sich durch 1 bis 2 Millimeter große Löcher am Gemüse. Vor allem an den Blättern verschiedener Kohlarten lässt er sich leicht erkennen. Vorbeugend eignet sich eine Randbepflanzung mit Wermut. Zum Schutz von Salat kannst du Radieschen und Rettich pflanzen.

Nematoden-Befall verhindern

Nematoden gehören zu den Fadenwürmern und leben naturgemäß im Boden. Je nach Art können Nematoden in die Wurzeln von Gemüsepflanzen eindringen und den Pflanzenstoffwechsel schädigen. Der Anbau von resistenten Pflanzen wie Ölrettich und Senf verhindert ihre Vermehrung und führt zu einer starken Reduktion des Befalls. Tagetes gilt als Feindpflanze der Nematoden und reduziert den Besatz im Boden deutlich, indem die Fadenwürmer beim Eindringen in die Tagetes-Wurzeln absterben.

Für eine optimale Wirkung empfiehlt sich die Aussaat von Tagetes-Samen nach den Eisheiligen bis spätestens Mitte Juli, damit sich die Pflanzen für eine volle Wirksamkeit entwickeln können. Als besonders wirksam erwies sich die Sorte Tagetes patula.

An Erdbeerpflanzen setzt man am besten Tagetes, Senf oder Ringelblume. Bei Kartoffeln und Kohl hat sich Ringelblume besonders bewährt.

Pflanzlicher Schutz vor Schnecken

Die größte Herausforderung für Hobbygärtnerinnen und Hobbygärtner sind Schnecken. Man kann sie durch Randbepflanzungen mit Rainfarn, Ysop und Kerbel von Gemüsepflanzen fernhalten. Wenn du Tagetes neben deine zu schützenden Pflanzen setzt, machen sie sich über diese her, statt dein Gemüse zu fressen.

Möhren ohne Möhrenfliege

Die ab Anfang Juni schlüpfenden Maden der Möhrenfliege fressen sichtbare Gänge in die Karottenwurzeln, sodass die Rübchen hinterher kaum noch verwertbar sind. Vorbeugend kannst du eine Mischpflanzung mit Majoran, Gelben Rüben sowie Zwiebeln und Lauch einsetzen.

Da auch dieser Schädling im Boden überwintert, ist eine wechselnde Fruchtfolge ebenfalls von Nutzen.

Befall durch Bakterien und Pilze verhindern

Die Verbreitung verschiedener Bakterien- und Schimmelpilzarten kannst du mit Lauchgewächsen wie Zwiebel, Porree, Knoblauch und Schnittlauch eindämmen, zum Beispiel an Erdbeeren und Möhren. Sie hindern Pilze an der Sporenkeimung. Bei Rosen und Erdbeeren verhindert Knoblauch in der Nachbarschaft die Ausbreitung des Grauschimmels.

Gegen Mehltau an Tomaten, Kohl und Gurken hilft Basilikum. Bei Weinreben hat sich die Pfefferminze als hilfreich erwiesen. Kerbel eignet sich bei allen befallenen Pflanzen.

Gegen die Kräuselkrankheit und die Monilia-Fruchtfäule an Pfirsich- und Kirschbäumen hilft als Unterpflanzung Meerrettich.

Der Säulenrost befällt hauptsächlich Schwarze Johannisbeeren und Jostabeeren, er ist an orangegelben Flecken auf den Blättern erkennbar. Wermut, zwischen die Johannisbeeren gesetzt, kann einem Befall vorbeugen.

TIPP:

Da die verschiedenen Nematoden-Arten auf bestimmte Pflanzen spezialisiert sind, wirkt eine abwechslungsreiche Fruchtfolge vorbeugend. Einige Nematoden sind wiederum recht nützlich, weil sie Schädlinge wie Trauermücken auf natürliche Weise bekämpfen.

Dach-
begrünung

Eine Begrünung schützt die Dachabdichtung vor Wind, Hagel und extremen Temperaturen sowie deren Schwankungen. So kann die Lebensdauer der Abdichtung verdoppelt werden, Instandhaltungs- und Sanierungsarbeiten müssen erst später durchgeführt werden. Die auf dem Dach wachsenden Pflanzen wirken wie eine natürliche Klimaanlage für das Haus. Im Winter sorgt ein begrüntes Dach durch bessere Dämmung für mehr Wärme im Haus und im Sommer für ein kühleres, lokales Kleinklima, weil Niederschläge gespeichert werden und deren Verdunstung für Kühlung sorgt. Außerdem bindet das grüne Dach Kohlendioxid und mindert – je nach Bewuchs – Lärm und Schall, reinigt die Luft und filtert Feinstaub.

Für welche Dächer eignet sich eine Dachbegrünung?

Nicht alle Dächer lassen sich mit einer Dachbegrünung versehen, aber wenn die Neigung nicht zu steil ist, können selbst Sattel- und Pultdächer bepflanzt werden. Bei einer Dachneigung zwischen 5 und 15 Prozent ist eine Dachbegrünung besonders leicht umsetzbar. Steildächer mit einem größeren Gefälle erfordern mehr Aufwand, um zu verhindern, dass das bepflanzte Substrat ins Rutschen gerät, und um eine ausreichende Wasserversorgung der Pflanzen sicherzustellen.

Wer ein Haus-, Garagen- oder Schuppendach begrünen möchte, sollte zudem vorab klären, mit wie viel Traglast, die Dachkonstruktion belastet werden kann. Je nach Aufbau der Dachbegrünung summiert sich das Zusatzgewicht bei Regen und Schnee auf bis zu mehrere hundert Kilogramm pro Quadratmeter. Bei Dächern, die nicht so viel Last tragen können, kommt dann nur eine sehr viel leichtere, extensive Dachbegrünung infrage.

Extensive oder intensive Dachbegrünung?

Besonders pflegeleicht und auch für weniger massive Dächer geeignet ist eine extensive Dachbegrünung. Hierbei wird eine dünne Substratschicht von bis zu 15 Zentimetern aufgebracht, die sich vor allem für pflegeleichte Gewächse wie Moose, Gräser und Sukkulenten eignet. Sie erhalten sich nach dem Bau des Gründachs weitestgehend selbst.

Eine intensive Dachbegrünung ist aufwändiger umzusetzen als die extensive Variante und kann fast wie ein herkömmlicher Garten bepflanzt und sogar für den Anbau von Gemüse genutzt werden. Die Dachkonstruktion muss für eine entsprechend größere Traglast ausgelegt sein und der Pflegeaufwand für ein intensiv begrüntes Dach fällt höher aus.

Welche Pflanzen eignen sich für das Dach?

Abhängig von der Form der Dachbegrünung eignen sich unterschiedliche Pflanzen. Während sich ein intensiv begrüntes Dach sogar mit Stauden, Gehölzen und anderen hochwachsenden Gewächsen bepflanzen lässt, kommen für extensiv begrünte Dächer vor allem kleinere, pflegeleichte Pflanzen infrage, die auch längere Trockenperioden verkraften. Dazu gehören:

- Sukkulenten (z. B. Schwarzer Mauerpfeffer, Weiße Fetthenne und Schneeteppich)
- mediterrane Kräuter (z. B. Lavendel, Oregano, Rosmarin und Salbei)
- robuste Wildpflanzen (z. B. Ehrenpreis, Frauenmantel und Schafgarbe)

Garten-pflege

Bei der Gartenpflege tragen Mulch und ausgeklügelte Gießtechniken dazu bei, die Pflanzen widerstandsfähiger zu machen, sodass sie auch die eine oder andere sommerliche Hitzeperiode unbeschadet überstehen. Auch wie du düngen und gleichzeitig die Bodenqualität verbessern und mit wenig Aufwand etwas für Nützlinge tun kannst, erfährst du in diesem Kapitel.

35
30
25
20
15
10
5

Wasser und Gießen

Wer sich mit Gießtechniken und dem vorhandenen Boden beschäftigt, spart bestenfalls viel Wasser, Zeit- und Arbeitsaufwand. Je nach Gartengröße können vermeintliche Kleinigkeiten wie das Nutzen von so genanntem Grauwasser oder alte Techniken wie Harken entscheidend sein.

> Wenn du regelmäßig mit einer flachen Harke deine Beete oberflächennah auflockerst, wird deutlich weniger Gießwasser im Sommer verdunsten und leichter im Boden versickern. Am besten gelingt dies bei Gewächsen, die wenig Wasser benötigen und tief wurzeln (siehe S. 151). Wird das Harken zur Gewohnheit, wird sich die Bodenoberfläche vergrößern und der Boden nimmt Wasser generell leichter und tiefer auf. So wachsen die Wurzeln tiefer in die Erdschichten, die nicht so rasch austrocknen, und sie werden widerstandsfähiger. Das bedeutet für dich, dass du nach einigen Jahren weniger gießen musst.

Wie viel Wasser braucht der Garten?

Der Wasserbedarf deines Gartens ist von vielen Faktoren abhängig, insbesondere von der Beschaffenheit des Bodens, der Bepflanzung und der Niederschlagsmenge.

Um letztere im Auge zu behalten, empfiehlt es sich, im Garten einen Regenmesser aufzustellen und die gesammelte Wassermenge regelmäßig zu prüfen.

Ein Regenmesser gibt Aufschluss

Regenmesser für Gärten sind konische Behälter aus transparentem Material mit einer Skala in Millimetern. Ein Millimeter gesammelter Niederschlag entspricht einem Liter pro Quadratmeter. Damit das Ergebnis möglichst genau ausfällt, muss der Regenmesser im Garten auf etwa ein bis anderthalb Metern Höhe frei und aufrecht stehen. Dafür gibt es spezielle Halterungen, die man auch selbst anfertigen kann.

Der Behälter sollte täglich geleert werden. Für den Anfang ist es hilfreich, sich die Daten zu notieren. Das Ergebnis kann sehr aufschlussreich sein. Wenn beispielsweise nach einem halbstündigen Starkregen nur 7 Millimeter im Regenmesser zu entdecken sind, der aktuelle Regen also 7 Liter einbrachte, und der Garten bereits wochenlang vorher ohne Regen auskommen musste, weißt du, dass du zusätzlich gießen musst. Sind nach einem kräftigen Guss im Regenmesser allerdings über 20 Millimeter enthalten, brauchen nur noch die Topfpflanzen täglich ein bisschen Wasser.

Darüber hinaus ist es hilfreich, sich die Bodenfeuchte in den Beeten mit unterschiedlichen Mikroklimata anzuschauen und aufzuschreiben. Mit der Zeit bekommt man einen guten „Riecher“, wann der Garten durch Regen wirklich gut gewässert wurde und wie viel wann gegossen werden sollte.

Wasser gewinnen

Es gibt verschiedene Möglichkeiten, kostenlos an Wasser heranzukommen. Außerdem lässt sich so genanntes Grauwasser zum Gießen nutzen.

Grauwasser

Mit Grauwasser ist gebrauchtes Trinkwasser gemeint, das du über den Tag in einem Eimer sammeln kannst. Dieses Grauwasser bietet einige Vorteile gegenüber dem kalten Leitungswasser direkt aus dem Hahn:

- Das Wasser erwärmt sich leicht und die Pflanzen bekommen dadurch gerade im Sommer keinen Kälteschock. Besonders Gurkengewächse werden es dir danken.
- Abgestandenes Wasser ist weicher, da sich der Kalk am Boden absetzt.
- Je nachdem, was im Wasser am Ende des Tages enthalten ist, wirkt es sogar wie eine Extraportion Dünger.

Für einen Zwei-Personen-Haushalt genügen ein Fünf-Liter-Eimer, der in der Nähe der Spüle steht, und eine Schüssel, in der du Gemüse abwäschst, um das kostbare Grauwasser aufzufangen. Das Wasser schüttest du aus der Schüssel in den Eimer. Es eignet sich:

- Abwaschwasser von Gemüse, Kräutern und Obst.

- Auch Tee- und Kaffeekannen sowie -becher kannst du so ausspülen, dass dieses Wasser im Eimer landet.

- Gemüse-, Reis- und Nudelwasser kommen nach dem Kochen ebenfalls in den Eimer. Darin sind Kalium und Stärke enthalten, also Dünger für deine Gemüsepflanzen.

- Mineralwasser, das abgestanden ist und keiner mehr trinken mag, ist auch gut geeignet

- Milch- und schale Bierreste kannst du aus den Flaschen spülen.

ACHTUNG:

Das gesammelte Wasser darf keine Stoffe enthalten, die den Pflanzen schaden, wenn sie sich in der Erde anreichern. Dazu gehören zum Beispiel Salz, Zucker, Essig und Reinigungsmittel.

Regentonnen sinnvoll nutzen

Die gute, alte Regentonne ist für jeden Garten geeignet, in dem ein Gebäude steht. Mithilfe eines Fallrohres wird das Wasser von der Regenrinne des Dachs in die Tonne geleitet und dort gesammelt. Damit dir kein Tropfen des kostbaren Nass entgeht, kannst du gleich mehrere Regentonnen miteinander verbinden, sodass das Überlaufwasser der ersten in die zweite fließt. Das geht besonders einfach mit professionellen Regentonnenverbindern aus dem Fachhandel. Mit integrierten oder nachrüstbaren Hähnen lässt sich das aufgefangene Regenwasser zapfen. Eine Regenfasspumpe ermöglicht es, einen Gartenschlauch anzuschließen.

ACHTUNG:

Die Verbindungen zwischen den einzelnen Tonnen sollten möglichst so angebracht werden, dass die erste Tonne voll läuft und das Wasser dann in die nächste Tonne weitergeleitet wird.

Da seit einigen Jahren die Winterhalbjahre sehr trocken ausfallen können, lohnt es sich, bei Regentonnen größer zu denken als noch vor etwa zehn Jahren. Bei einem Grundstück von 250 Quadratmetern mit Rasen, Wiese und Beeten verbraucht man in heißen Monaten locker bis zu 900 Litern Wasser für einmal Gießen. Daher empfiehlt es sich, eine möglichst große Regentonne aufzustellen oder eben gleich mehrere.

Frostschutz für Regentonnen

Gefrorenes Wasser dehnt sich bekanntlich aus, wodurch so viel Druck auf das Fass entsteht, dass es an den Nahtstellen brechen kann. Entscheide dich deshalb am besten für Regentonnen aus frostsicherem Hart-Polyethylen. Ganz sicher gehst du mit einem eigenen Frostschutz.

Material: Stroh, Schnur, Schere, Plastikplane/Tarp mit Ösen (eine pro Regentonne)

So baust du einen Frostschutz für die Regentonne:

1 Wickle zuerst die Plane locker um die Tonne, sodass ungefähr drei große Handbreit Stroh zwischen Plane und Tonne passen. Mithilfe der Schnur bindest du die Plane so, dass sie eine Art Tunnel um die Tonne bildet, der Wind, Schneelast und Regen standhält. Ist dieser stabil genug, füllst du gleichmäßig das Stroh hinein und verschließt die Plane unter dem Deckel der Regentonne sorgfältig. sodass sie nicht darunter herausrutschen kann.

2 Damit ist es allerdings noch nicht getan. Während Frostperioden sollte ein mit Steinchen und Luft gefüllter Plastikbeutel auf der Wasseroberfläche treiben. So bewegt sich immer etwas und es bildet sich keine vollständige Eisdecke. Falls der Beutel beschädigt wird, sollte er durch einen neuen ausgetauscht werden. Wer auf so etwas verzichten möchte, sollte alle paar Tage nachsehen, ob sich eine Eisschicht auf der Wasseroberfläche gebildet hat und diese zerschlagen oder anderes Treibgut ausprobieren.

3 Falls deine Tonnen einen Auslaufhahn haben, sollte dieser im Winter offenbleiben, da er sonst undicht werden könnte.

Richtig gießen spart Wasser, Zeit und Geld

Die richtige Gießtechnik trägt zu einem kräftigen, gesunden Wuchs bei und sorgt dafür, dass auch Trockenzeiten locker überstanden werden. Trockener Boden und schlaffe Pflanzenteile sind eindeutige Anzeichen dafür, dass du dringend gießen solltest. Am besten gießt du morgens, wenn der Boden noch kühl ist und mehr Wasser aufnimmt. Insbesondere bei Hitze sollte nicht in der Mittagssonne gegossen werden, weil dann das meiste direkt verdunstet.

Falls dein Tagesablauf das morgendliche Gießen nicht zulässt, kannst du auch abends wässern.

Effiziente Gießtechniken für gesündere Pflanzen

Neben der Wahl des richtigen Zeitpunkts sorgt eine Reihe weiterer Maßnahmen für einen ausgeglichenen Wasserhaushalt der Pflanzen. Sie tragen dazu bei, dass du langfristig weniger Zeit fürs Gießen aufwenden musst.

Direkt nach der Aussaat oder wenn du Setzlinge ins Beet gepflanzt hast, empfiehlt es sich, häufiger zu gießen, um den Keimprozess und die Wurzelbildung zu unterstützen. Sobald die Saat aufgegangen ist beziehungsweise die vorgezogenen Pflanzen den Umzug ins Beet überstanden haben, kannst du die Gießabstände verlängern.

Für alteingesessene Beetbewohner gilt: Lieber seltener und dafür intensiv gießen. Das sorgt dafür, dass das Wasser in tiefere Erdschichten vordringen kann und die Pflanzen während der längeren Gießpausen tiefe, kräftige Wurzeln entwickeln. So werden sie resistenter gegen längere Trockenperioden.

Grundsätzlich gießt man nah an der Wurzel. Dabei sind Gießringe hilfreich. Durch sie gelangt das Wasser leichter in den Boden. Nasse Blätter und damit das Risiko für Pilzbefall und anderes vermeidest du so. Verbuddelst du Hilfsmittel wie Ollas (siehe S. 111), werden die Pflanzen direkt an den Wurzeln gleichmäßig mit Wasser versorgt.

Berücksichtige den individuellen Bedarf verschiedener Arten: Schnell wachsende, großblättrige Pflanzen wie Tomaten oder Zucchinis haben generell einen höheren Wasserbedarf als eher pflegeleichte Pflanzen, die man häufig an ihren kleinen, oft dicken und harten Blättern erkennt – wie etwa Rosmarin oder Lavendel.

Auch der Standort ist entscheidend. In der prallen Sonne verdunstet mehr Wasser als an schattigen Stellen. Bei sehr trockenem Boden ist es sinnvoll, einzelne Stellen mehrmals zu gießen. So kann die erste Portion Wasser versickern, und es wird mehr Wasser gespeichert. Mit einem weichen Wasserstrahl verhinderst du, dass beim Gießen zu viel Erde weggeschwemmt wird. Es kann hilfreich sein, die gefüllte Kanne vor dem Gießen eine Weile in die Sonne zu stellen, damit sich das Wasser erwärmt.

TIPP:

Während lang anhaltender Hitzeperioden ist der beste Zeitpunkt zum Gießen zwischen 2 und 4 Uhr morgens. Für alle, die um diese Zeit noch schlafen, bietet sich eine Tröpfchenenbewässerung mit Zeitschaltuhr an.

Tröpfchenbewässerung – Wasser sparen mit Tröpfchen-System

Je nach System kann eine Tröpfchenbewässerung im Vergleich zu Gießkanne und Gartenschlauch bis zu 75 Prozent Wasser sparen. In Zeiten der globalen Erwärmung ist das beachtlich. Das lohnt sich bereits bei Topfpflanzen auf Balkonen im Kleinen und erst recht bei Schrebergärten mit Gemüse, Kräutern und Stauden.

Anschluss an die Regentonne möglich

Je nach Art des Bewässerungssystems kannst du den Schlauch oder den Bewässerungscomputer einfach an einen Außenwasserhahn anschließen. Es muss nur genügend Wasserdruck da sein, damit das Wasser über die gesamte Länge des Tropfschlauchs verteilt werden kann. Das gilt für Gärten – bei Kübelbewässerung dürfte das kein Problem sein. Man kann diese Tropfenschläuche natürlich auch an den Zapfhahn von Regentonnen anschließen und so kostbares Trinkwasser sparen. Dabei hängt der Druck vom Wasserstand ab. Stelle also am besten vorher sicher, dass sich genügend Wasser in der Tonne befindet.

Wie lange dauert diese Bewässerung?

Wie lange das Wasser tropfen muss, ist sehr unterschiedlich und von verschiedenen Faktoren abhängig – von der Jahreszeit, der Temperatur, vom Wasserbedarf der Pflanzen. Das Gute ist, dass es verschiedene Systeme gibt. Manche funktionieren als zusammensteckbare Rohrleitungen, die genau dahin gelegt werden, wo Pflanzen mit ähnlichem Wasserbedarf wachsen.

In Dürrezeiten kann man die Tropfschläuche zum Beispiel nachts bis zu drei Stunden laufen lassen. Dann verdunstet am wenigsten, und es gelangt genügend Wasser zu den Wurzeln.

Tröpfchenbewässerung mit einfachen Mitteln bauen

Man kann fertige Sets mit Anleitungen im Baumarkt und Gartencenter kaufen. Das sind häufig Stecksysteme, die sich beliebig verlängern oder verkürzen lassen. Manche lassen sich auch mit Tonkegeln verbinden, die das Wasser langsamer an entsprechende Pflanzen abgeben. So lässt sich trotz fertiger Sets je nach Hersteller dennoch etwas relativ Individuelles aufbauen.

Um diese Sets zu automatisieren, sind kleine Bewässerungscomputer sinnvoll. Damit steuerst du die Wasserzufuhr und stellst die Zeiten und Mengen ein. Manche bekommen auch Strom per Solarzellen im Mini-Format. Außerdem gibt es noch ein sogenanntes Basisgerät, das zwischen Computer und Schlauch geschraubt werden kann. Es ist ein Filter, der dafür sorgt, dass die Tropflöcher nicht verstopfen.

SMART BEWÄSSERN PER APP

Noch bequemer und ortsunabhängiger versorgst du deine Pflanzen mit einer durch eine App gesteuerte Bewässerungsautomatik. Im Handel gibt es verschiedene Systeme:

- **Gardena** bietet ein Smart-System mit Bewässerungsautomat und Regensensor an, das per Funk Kontakt mit dem Internet aufnimmt. Damit hat man auch Zugriff auf verschiedene Wetterdaten. Per App kannst du so auch während einer Abwesenheit die Bewässerung steuern.
- **Kärchers Sensotimer-System** misst alle halbe Stunde die Feuchtigkeit des Bodens und bewässert, sobald ein voreingestellter Wert unterschritten wird. Damit lassen sich auch unterschiedliche Bodenzonen einstellen und bewässern, falls du zum Beispiel einen Vorgarten haben solltest. Dieses System läuft ebenfalls über eine App.
- **„Eve Aqua“** ist ein System von Apple, das sowohl per App als auch über eine Batterie betrieben und gesteuert werden kann. Der Beregnungscomputer wird zwischen Außenwasserhahn und Gartenschlauch montiert. Per Bluetooth und Smartphone kannst du einen Rasensprenger in Bewegung setzen.

Du kannst dir aber auch ganz einfach deine eigene Tröpfchenbewässerung bauen. Hast du noch einen alten Gartenschlauch, der aber noch nicht völlig hinüber ist? Leg ihn dort aus, wo er wässern soll und hämmere mit einem Nagel Löcher hinein, wo das Wasser an den Wurzeln austreten soll. Den alten Schlauch kannst du an eine Regentonne oder einen Außenhahn anschließen. Im Sommerhalbjahr solltest du etwa alle zwei Wochen nachschauen, ob etwas die Löcher verstopft, und diese gegebenenfalls säubern.

Ollas – „Töpfe" zur Bewässerung

Viel weniger Kosten und Mühe als eine automatisierte Tröpfchenbewässerung verursachen selbst gebaute Ollas. Das sind Bewässerungstöpfe, die deine Pflanzen bis zu einer Woche feucht halten können. Das Wort Olla kommt aus dem Spanischen („Oya" gesprochen) und bedeutet Topf. Herkömmliche Ollas sind bauchige Töpfe oder Flaschen aus unversiegeltem Ton, die in die Erde eingegraben werden. Sie werden über den Flaschenhals, der aus der Erde herausragt, mit Wasser befüllt und geben es sehr langsam über das wasserdurchlässige Material wieder ab.

Die Bewässerungsflaschen sind im Gartenfachhandel oder online erhältlich. Jedoch kann die Anschaffung schnell teuer werden, zumal ja meist auch mehrere davon notwendig sind. Stattdessen kannst du deine Gartenbewässerung aber auch viel preiswerter selbst herstellen, nämlich aus zwei oder mehr Pflanztöpfen.

Eine Olla anfertigen

Material:

- 2 unglasierte Tontöpfe mit Loch im Boden, einer mit 15, einer mit 16 Zentimeter Durchmesser
- 1 flachen Stein oder größere Tonscherbe zum Verschließen des unteren Lochs
- Wachs oder Zement als Klebstoff

Du kannst deine Ollas auch in anderen Größen bauen und unterschiedliche, auch gebrauchte Tontöpfe verwenden. Wichtig ist, dass sie unglasiert und etwas unterschiedlich in der Größe sind, damit sie sich ineinanderstecken lassen.

Je nachdem, ob du die Töpfe dauerhaft oder erst einmal probeweise als Ollas nutzen möchtest, kannst du Wachs oder Zement als Kleber verwenden. Mit Wachs zusammengeklebte Töpfe lassen sich mit wenig Aufwand wieder auseinandernehmen und als Pflanztopf verwenden, mit Zement ist die Verbindung dagegen dauerhaft.

So wird das Bewässerungssystem gebaut:

1. Schmelze Wachs im Wasserbad oder rühre Zement nach Anweisung an.

2. Klebe den Stein oder die Tonscherbe mit Wachs oder Zement so auf dem Boden des größeren Topfes fest, dass das Loch abgedichtet ist.

3. Stecke den kleineren Topf kopfüber in den großen und dichte die Ritze zwischen den Topfrändern ebenfalls mit Wachs oder Zement ab.

4. Lass alles trocknen beziehungsweise abkühlen.

Hinweise für die Verwendung:
Um Ollas als Bewässerungssystem zu verwenden, grabe sie im Garten, im Hochbeet oder in Kübeln ein:

1. Hebe dafür neben der zu bewässernden Pflanze ein Loch aus, in dem die Olla fast komplett verschwindet – etwa 3 bis 4 Zentimeter sollen später aus dem Boden ragen, damit das Loch nicht verschüttet wird.

2. Fülle das Loch rund um die Olla mit Erde auf und drücke sie gut an, damit die Wurzeln bis an die Wasserquelle heranwachsen können.

3. Durch das obere Loch kannst du die Olla mit Wasser füllen.

Zu Anfang ist es empfehlenswert, zu beobachten, wie lange eine Füllung reicht. Falls der Füllstand durch das kleine Loch nicht ersichtlich ist, kannst du mit einer Taschenlampe hineinleuchten. Sollte sich die Olla zu schnell leeren, kannst du noch weitere im Beet verteilen oder stattdessen einen größeren Bewässerungstopf bauen und eingraben.

Der Wasserbedarf pro Olla lässt sich nur ungefähr ermitteln, da er auch von der Außentemperatur abhängt. Etwa nach einer Woche ist es meistens nötig, Wasser nachzufüllen. Manche Pflanzen, die kaum gegossen werden müssen, wie Oregano, kommen auch noch länger zurecht.

Den Boden vor Trockenheit und Erosion schützen

Starker und lang anhaltender Regen und Wind gehören zu den Hauptrisikofaktoren für Erosion. Übersteigt die Niederschlagsmenge die Versickerungsleistung des Bodens, fließt das Wasser oberflächlich ab und nimmt jede Menge fruchtbare Erde mit sich. Anhaltende Hitze und Wassermangel trocknen den Boden bis in die tiefen Schichten aus. Ungeschützt werden die oberen Bodenschichten im wahrsten Sinne des Wortes vom Winde verweht. Und wenn es endlich wieder regnet, kann der staubtrockene Boden das Wasser schlechter aufnehmen und es fließt ungenutzt davon. Durch die Zunahme langer Regen- oder Trockenperioden wird Erosionsschutz deshalb immer wichtiger.

Wie gut, dass du zwar nicht auf das Wetter, aber auf zahlreiche andere Faktoren Einfluss nehmen kannst. Denn auch die Struktur, die Bearbeitung und die Bepflanzung beeinflussen die Widerstandskraft deines Gartenbodens. Das Wichtigste: Sorge dafür, dass dein Boden stets bedeckt ist. Das lässt sich zum Beispiel über eine Bepflanzung mit Stauden, Sträuchern und Bäumen erreichen, deren Wurzeln die Erde festhalten und den Boden belüften und beleben. Die dadurch angesiedelten Bodenlebewesen ernähren sich von herabfallendem Laub und sorgen mit ihren Ausscheidungen dafür, dass neuer, wertvoller Humus entsteht. Unbedeckte Stellen, die bei der Bodenbearbeitung und bei der Aussaat unweigerlich entstehen, kannst du mit einer Schicht Mulch vor Erosion und Austrocknung bewahren und gleichzeitig den lästigen Bewuchs im Gemüsebeet eindämmen.

Mulchen – mehr Ertrag bei wenig Gießen

Die Natur kennt nackte Böden nur in der Wüste und auf Felsengrund, ansonsten bedecken Laub, Nadeln, Zweige und Pflanzen die Erdoberfläche. Die schützende Schicht bringt viele Vorteile für das Bodenleben sowie den Wasser- und Nährstoffhaushalt mit sich, durch welche der Boden überhaupt erst für wassersparende Gärtnerinnen und Gärtner nutzbar wird.

Warum mulchen?

Die Schicht aus Pflanzenresten hat zahlreiche positive Effekte für Boden und Pflanzen. Der langsam verrottende Mulch auf deinen Beeten dient als Ausgangsstoff für unzählige Mikroorganismen, die das organische Material zu Humus umwandeln. Dieser Prozess sorgt für mehr Nährstoffe im Boden, die deinen Gemüse- und Obstpflanzen zugutekommen. Dadurch erübrigen sich zusätzliche Düngungen für die meisten Pflanzen. Zudem unterdrückt Mulch das Aufkommen unerwünschter Beikräuter, wodurch Jäten fast überflüssig wird.

Wie ein Sonnenschirm schützt der Mulch den Boden vor Verdunstung, sodass er nicht so schnell austrocknet. Dadurch muss auch weniger gegossen werden, der Boden bleibt locker und zusätzliches Hacken der Beete entfällt. Während freiliegende Böden bei Starkregen schnell fortgeschwemmt werden, verhindert eine schützende Mulchschicht Bodenerosion. Auch die Bodentemperatur wird gleichmäßiger gehalten, weil die schützende Schicht Erde und Wurzeln vor zu viel Hitze und Kälte bewahrt.

Mit wenig Aufwand kannst du dir also viel Gartenarbeit über das Jahr ersparen und trotzdem oder gerade deshalb üppig ernten. Fast alle Pflanzen reagieren auf die genannten Effekte mit kräftigem Wachstum.

TIPP:

Die folgenden Tipps funktionieren genauso gut bei Balkon- und Terrassenpflanzen in großen Kästen und Kübeln, die aufgrund ihrer witterungsexponierten Lage oft besonders schnell austrocknen und verarmen.

So stellst du Mulch selbst her

„Gartenabfälle“ wie Rasenschnitt und Äste fallen immer an und können auf deinen Beeten weiter verwendet werden. Am besten eignet sich stets das, was in der näheren Umgebung wächst oder in der Region zu finden ist. Dazu gehören:

- Heu, Grasschnitt (ohne Samen!), Stroh
- geschnittene und getrocknete Beikräuter, die noch keine Samen gebildet haben
- gehäckselte Äste, Zweige
- halbreifer oder reifer Kompost

Vor allem Kartoffeln und Erdbeeren profitieren von einer Mulchschicht aus Stroh. Ist der Boden rund um Erdbeerpflanzen mit Stroh bedeckt, trocknen die Früchte nach einem Regenguss schneller und schimmeln seltener. Zusätzlich bleiben sie sauber und werden bei Regen nicht mit Erde besprenkelt. Im Gegensatz zu anderem Mulchmaterial dient Stroh sogar als zusätzliche Barriere gegen Schnecken und liefert obendrein genügend Stickstoff für die Pflanzen. Auch für die Wege zwischen den Beeten eignet sich Stroh gut, da es sich nur langsam zersetzt.

Beinwell und Brennnesseln sind nicht nur für unsere Gesundheit sehr nützlich, sondern geben als Mulch viel Kalium und Stickstoff ab. Gerade Kalium ist im Gartenboden oft Mangelware. Beide „Unkräuter“ stärken grundsätzlich alle Pflanzen, aber besonders Tomaten, Gurken und Paprika ziehen großen Nutzen vom kaliumhaltigen Beinwell. Du findest ihn auf nährstoffreichen und feuchten Böden.

Wie mulche ich richtig?

Gemulcht werden kann prinzipiell zu jeder Jahreszeit. Frisch ausgesäte Bereiche sollten jedoch erst einmal ausgespart werden. Sobald die Triebe eine Höhe von zehn Zentimetern erreicht haben, kannst du auch hier Mulch ausbringen. Besonders empfindliche Jungpflanzen lassen sich beim Mulchen mit umgedrehten Eimern oder Töpfen schützen, um sie nicht zu beschädigen.

So gehst du vor:

1. Beseitige alle unerwünschten Beikräuter und nutze sie bestenfalls gleich als Mulch.

2. Lockere den Boden grob mit einer Hacke auf.

3. Verteile das Mulchmaterial auf dem Beet und lasse dabei einige Zentimeter Platz zum Stamm oder Stengel deiner Pflanzen. Die Mulchschicht sollte zwischen 5 und 10 Zentimeter dick sein.

Die gemulchte Fläche überlässt du danach sich selbst, ohne weiter einzugreifen. Kommt dennoch einmal etwas Unkraut hindurch, kannst du es ausreißen und auf der Schicht liegen lassen.

Wichtige Hinweise

Um Fäulnis zu vermeiden, sollte die Dicke der Mulchschicht an die Niederschlagsmenge und Bodenbeschaffenheit angepasst werden. Als Faustregel gilt: Je mehr Niederschlag, desto dünner der Mulch. Sandige Böden vertragen dickeren Mulch, bei schweren Böden reichen etwa zwei Zentimeter aus.

Beim Mulchen mit Stroh, Rinde oder Holzhäckseln sollte nachgedüngt werden, da die Mikroorganismen für die Zersetzung dem Boden viel Stickstoff rauben. Dies führt zu gelben Blättern und mickrigem Wuchs der umgebenden Pflanzen. Um diesem Problem vorzubeugen, kannst du stickstoffhaltige Hornspäne (40 bis 80 Gramm pro Quadratmeter) auf der Schicht verteilen und grob einarbeiten. Es sollten keine Häcksel aus Nadel- oder Eichenbäumen verwendet werden. Erstere versauern den Boden und letztere sind stark gerbsäurehaltig, was viele Gemüse- und Kräuterpflanzen nicht vertragen.

Herbstlaub eignet sich zwar als schützende Mulchschicht für die kalte Jahreszeit, kann aber auch eine Brutstätte für Schädlinge und Pflanzenkrankheiten sein. Verwende deshalb nur gut durchgetrocknete Blätter ohne sichtbaren Krankheitsbefall und trage sie dünn auf den Boden auf.

Bodendecker pflanzen

Das gerade umgegrabene und ausgesäte Beet ist im Handumdrehen wieder grün? Nur leider wachsen neben den gewünschten Pflanzen auch jede Menge ungeliebte. Mit einem einfachen Trick kannst du mit weniger Aufwand mehr ernten: Pflanze Bodendecker! Und bereichere dadurch deinen Speiseplan um gesunde und schmackhafte Vitalstofflieferanten, die obendrein dafür sorgen, dass das Regenwasser langsamer versickert.

Bodendecker wachsen niedrig und primär horizontal. Sie bedecken eine offene Fläche schnell, schützen den Boden vor Auswaschung und Austrocknung, schaffen einen Lebensraum für Spitzmäuse, Igel und andere Nützlinge. Außerdem sorgen sie mit ihrem verzweigten Wurzelwerk für einen natürlichen Erosionsschutz.

Für fast jede Stelle im Garten gibt es passende Bodendecker. Wenn du einfach nur einen grünen Bodendecker möchtest, nimm Efeu. Der blüht bis in den November hinein immer wieder – und ist so eine der ersten und letzten Bienenweiden.

Suchst du hingegen Bodendecker, die auch essbar sind, bieten sich folgende an:

- Die Sammelnussfrucht **Walderdbeere** kriecht gerne über Böden. Sie zählt zu den Vitamin-C-Pflanzen.

- Viele Beerenarten sind in ihrer ursprünglichen, nicht kultivierten Form Bodendecker. Sie bevorzugen meist halbschattige Standorte und ein eher saures Bodenmilieu. Gut gedeihen sie beispielsweise unter lichten Bäumen und Sträuchern. Zu ihnen gehören **Cranberry**, **Preiselbeere** und **Waldheidelbeere**. Du kannst sie frisch genießen oder als Marmelade oder getrocknet in Gebäck.

- **Kleinblättrige Salatsorten** wachsen meist schnell und bedecken dabei zügig eine größere Bodenfläche. Unter Tomatenstauden oder als Zwischenkultur ausgesät, bilden sie eine wirksame Abwehr gegen immer wieder sprießende Unkräuter.

- **Feldsalat** und **Franzosenkraut** sind anspruchslos bezüglich des Standorts und des Bodens. Zwischen langsamer wachsenden Gemüsesorten gesetzt, bilden sie einen schmackhaften Schutz gegen Beikraut und können über mehrere Wochen im Winter geerntet werden.

- **Pflücksalat** lässt sich breitwürfig aussäen, wächst schnell und gleichmäßig. Er eignet sich für sonnige bis halbschattige Bereiche. Stauendes Wasser und zu viel Hitze verträgt er nicht. Als schnelle Frühkultur oder schmackhafte Zwischenkultur reduziert er die Ausbreitung von Wildkräutern und Gräsern.

Vogelmiere enthält zahlreiche Vitamine und Vitalstoffe. Sie bevorzugt stickstoffreichen, sandigen Boden und kann sowohl als Salat als auch gedünstet verzehrt werden.

Neuseeländer Spinat und **Eiskraut** gehören der Familie der Mittagsblumengewächse an. Beide haben einen niedrigen Wuchs und mögen es sonnig und trocken. Sie gedeihen aber auch im Halbschatten eines Obstbaumes und können in der Küche wie herkömmlicher Spinat roh und als Gemüse verwendet werden.

Kapuzinerkresse bildet nicht nur besonders schöne Blüten aus, sie lässt sich auch fast vollständig verzehren. Besonders gut gedeiht sie an sonnigen Standorten und auf kalkhaltigen, sandigen Böden. Achtung: Ameisen züchten an ihnen gerne Blattläuse.

Waldmeister gehört zu den Schattengewächsen. Für ein gesundes Wachstum braucht er wenig Wasser und humusreiche Erde. Er eignet sich im Frühling als aromatische Zutat in Bowlen, Sirup und Eis.

Minze bevorzugt gemäß ihrer Herkunft ein feuchtes Milieu. Die kleinen Blätter eignen sich zum Aufbrühen von Tee ebenso wie als Gewürz.

Dies ist nur eine kleine Auswahl von essbaren Bodendeckern, die dir das Leben im Biogarten erleichtern und gleichzeitig deinen Speiseplan bereichern.

Abgestorbene Pflanzen helfen Insekten im Winter

Flächen mit abgestorbenen Stauden sieht man häufiger auf dem Land als in der Stadt, aber auch hier kommt es allmählich zu einem Umdenken. Im Garten ist es aus mehreren Gründen hilfreich, abgestorbene Kräuter und Blumenstängel mit Samenständen im Winterhalbjahr stehen zu lassen. Der Boden ist an diesen Stellen nicht unbedeckt. So kann er weder verwehen noch austrocknen noch bei starken oder zu vielen Regenfällen wegfließen. Du sparst dir im Prinzip jegliche Arbeit bis zum Frühjahr zur neuen Aussaat.

Tote Stängel bieten Winterquartiere

Zahllose kleine Spinnen, Insekten und Larven tummeln sich in hohl gewordenen, gelbbraunen Stängeln. Sie finden dort windgeschützte Plätzchen für ihre Winterruhe. In den Stängeln vieler Stauden wohnen Marienkäfer, Florfliegen oder auch Blattwanzen. Schmetterlinge überwintern in verschiedenen Larvenstadien in Brombeeren, Disteln oder Sonnenblumen. In so manch leeren Samenhülsen verstecken sich kleine Käfer, Fliegen oder Spinnen.

Alte Samen bieten Vogelfutter

Auch wenn du denkst, dass du alle Samen als Saatgut für das nächste Jahr entnommen hast, kann es sein, dass die ein oder andere Pflanze noch Nachzügler enthält. Vielleicht lässt du sowieso ein paar Samen für Vögel übrig und erntest netterweise nicht alle. Meisen, Stieglitze oder auch Rotkehlchen danken es dir, wenn du scheinbar tote Stängel stehen lässt. Sie finden die letzten Samen mit Sicherheit und kommen damit besser durch die besonders karge Winterzeit.

Laubhaufen erfreuen Kleinsäuger

Du hast Bäume und Sträucher im Garten, die im Herbst ihr Laub abwerfen, oder Blätter von den Nachbarsbäumen rieseln in deinen Garten? Lass das Laub in Bereichen, in denen es dich nicht stört, einfach liegen. Ein paar Laubhaufen in geschützten Ecken gehören in jeden Naturgarten. Amseln, Rotkehlchen, Spitzmäuse und Igel finden darin Insekten, Spinnentiere und Schnecken. Wenn diese Laubhaufen zum Beispiel zwischen einer Mauer oder einem Zaun und einigen Bäumen oder Sträuchern liegen, sind sie vor Wind gut geschützt – und du tust einiges für die biologische Vielfalt.

Den Boden vor Schäden durch Starkregen schützen

Es ist super, wenn Regenwasser direkt in der Erde versickern kann. Unversiegelte Flächen sind ideal für einen natürlichen Wasserkreislauf. Das ist auch im Garten nicht überall machbar, wenn du eine Terrasse oder einen Gehweg anlegen möchtest. Mit Grundwissen über Baustoffe zu wasserdurchlässigen Pflasterungen kannst du besser entscheiden, welche Möglichkeiten für deinen Garten passen.

Obendrein hat eine wasserdurchlässige Pflasterung viele Vorteile:

- Viele Kommunen teilen in häusliches Schmutz- und Niederschlagswasser ein – bei letzterem sparst du oft Gebühren.
- Es entlastet das öffentliche Kanalnetz.
- Es vermeidet Hochwasser durch Starkregen, weil das Regenwasser direkt versickert.
- Das Wasser kann direkt ins Grundwasser versickern, statt über die Kanalisation abzufließen.

Sickerpflaster ersetzen versiegelte Flächen

Gewöhnliche Pflastersteine sind kompakt. Das Wasser läuft in die nächstgelegene Rinne und von da an in die Kanalisation oder den nächsten Bach. Sickerpflaster hingegen sorgt dafür, dass Wasser direkt vor Ort versickern kann und der Boden gut zu begehen beziehungsweise zu befahren ist. Entweder haben sie erweiterte Fugen oder Öffnungen, in denen das Niederschlagswasser versickern kann, oder das Material ist insgesamt wasserdurchlässig.

Rasengittersteine

Rasengittersteine haben eine steinerne Umrandung mit einem Loch in der Mitte. Darin befindet sich eine Substratkammer, aus der üblicherweise Rasen wächst. Man verwendet sie für Parkplätze, Zufahrten, Gehwege oder Hausvorplätze. Sie sorgen dafür, dass mehr Regenwasser versickert. Und wer mag, kann statt Rasen Thymian einsäen, denn der wächst kriechend und kann obendrein geerntet werden.

Außerdem kühlen diese Steine bei Hitze. Zwischen einer Parkfläche aus herkömmlichem Pflaster und einer aus Rasengittersteinen können bis zu 40 Grad Celsius Unterschied bestehen. Diesen Kühleffekt kann man sich bei Gartenwegen, Vorplätzen oder Terrassen zunutze machen. Rasengittersteine sind ideal, wenn man Flächen ab und zu befahren möchte, ohne sie versiegeln zu wollen. Im Garten sind sie für Gehwege besser geeignet als Betonplatten.

RASENGITTERSTEINE AUS BETON

Sie sind robust, halten lange und sind preiswert. Es gibt sie in unterschiedlichen Größen, Designs und für verschiedene Zwecke in unterschiedlicher Stärke. Für die Substratkammern gibt es zudem Füllsteine. So eignen sie sich auch für Terrassen, wenn die Tisch- und Stuhlbeine nicht wackeln sollen. Der Anteil an Grünfläche liegt meistens zwischen 35 und 50 Prozent. Die breiten Stege aus Beton zwischen den Substratkammern verteilen schwere Gewichte, wie das von Autos, auf eine größere Fläche und schonen die Pflanzen.

VORTEILE	NACHTEILE
▶ Die Steine sind für Zufahrten und Carports mit lichtdurchlässigem Dach geeignet. ▶ Sie sind aus robustem Material, das Jahrzehnte hält. ▶ Sie sind kostengünstig. ▶ Es gibt sie in jedem Baumarkt.	▶ Wenn die Erde in den Kammern absackt, tritt man oft in die Löcher. ▶ Bei Beton sieht man weniger Pflanzen als bei der Kunststoffvariante.

RASENGITTERSTEINE AUS KUNSTSTOFF

Es gibt sie in zwei Varianten. Die eine sieht fast so aus wie Rasengittersteine aus Beton. Sie halten auch nahezu das gleiche Gewicht aus. Über Haken und Ösen sind sie leicht miteinander zu verknüpfen.

Die zweite Variante sind sogenannte Rasenwaben. Auch sie gibt es in unterschiedlichen Formen und Maßen. Sie werden miteinander verbunden und sind für Gartenwege ideal.

VORTEILE	NACHTEILE
▶ Sie sind sehr leicht und dabei stabil. ▶ Sie eignen sich auch, um Dächer zu begrünen. ▶ Sie sind mit einem scharfen Messer zuschneidbar. ▶ Man sieht mehr Grün.	▶ Sie sind deutlich teurer als Betonsteine. ▶ Sie sind weniger belastbar und lediglich für Fußwege, Schubkarren und Fahrräder geeignet.

Rasengittersteine brauchen ebenso wie andere Pflaster einen tragfähigen, wasserdurchlässigen Unterbau aus Splitt. Dafür ist es empfehlenswert, sich professionelle Hilfe zu holen.

Pflastersteine mit breiten Fugen

Sie haben Abstandhalter und das Regenwasser fließt über die Fugen in die Erde. Diese sind etwa einen Zentimeter breit und werden mit Splitt gefüllt.

VORTEILE	NACHTEILE
▸ Sie sind geeignet für Parkplätze, Zufahrtswege und Garageneinfahrten. ▸ Fugen bieten Lebensraum für Gliedertiere, Spinnen, Insekten und Beikräuter.	▸ Die Fugen können ausschwemmen.

Porenpflaster

Niederschläge werden durch erhöhtes Porenvolumen im Stein aufgenommen und langsamer an die Erde geleitet.

VORTEILE	NACHTEILE
▶ Es ist gut zu begehen. ▶ Es trocknet schnell, sodass bei Eisglätte die Rutschgefahr sinkt. ▶ Es wachsen keine Beikräuter. ▶ Es passt für Geh- und Fahrrad-/ Schubkarrenwege und Zuwege, auf denen selten Autos fahren.	▶ Es ist nicht als Stellplatz für Wohnmobile geeignet. ▶ Die Poren versanden mit der Zeit und lassen dann kein Wasser mehr durch. ▶ Bei Starkregen fließt ein Großteil des Niederschlags ab, ohne zu versickern.

Steine mit Sickeröffnungen

Im Gegensatz zu den Rasengittersteinen haben diese Pflastersteine Öffnungen in Form von Hohlräumen, über die Niederschläge versickern. Sie werden mit einem wasserdurchlässigen Mix aus Mineralstoffen gefüllt.

VORTEILE	NACHTEILE
▶ Sie sind ideal für hoch belastbare Flächen für Verkehr, Garagen, Parkplätze und Gehwege. ▶ Sie lassen viel Regenwasser versickern.	▶ Die Öffnungen können ausgeschwemmt werden. ▶ Das Pflaster ist rutschiger bei Glätte und Starkregen.

Die Bodenqualität verbessern: Mikroorganismen und Humusbildung fördern

Im Garten und auf dem Feld hat der Humusanteil im Boden nicht nur einen sehr großen Einfluss auf die Fruchtbarkeit, sondern erhöht auch seine Fähigkeit, Wasser zu speichern, massiv. Eine Eigenschaft, die du dir zunutze machen kannst, um deinen Garten resilienter gegenüber sommerlichen Trockenperioden zu machen. Um den Humusanteil zu erhöhen, kannst du neben dem klassischen Komposthaufen auf einige weitere Methoden wie einen platzsparenden Bokashi-Eimer, das Ausbringen von Mulch oder einer Gründüngung und das Multitalent Schafwolle setzen.

Bokashi: Fermentieren statt Kompostieren

Ein Bokashi-Eimer ermöglicht es, Küchenabfälle und Essensreste direkt in der Küche zu kompostieren. Auf diese Weise können auch Stadtbewohner ohne eigenen Garten aus organischen Abfällen hochwertigen Dünger herstellen und damit beispielsweise ihre Topfpflanzen düngen.

Ursprünglich stammt der Bokashi-Eimer aus Japan. Darin setzt sich ein Fermentationsprozess in Gang, in dessen Verlauf sich die Küchenabfälle weitestgehend ohne Sauerstoffzufuhr zersetzen. Dadurch bilden sich kaum unangenehme Gerüche.

Wer gleich loslegen möchte, kann sich einen speziellen Bokashi-Eimer besorgen oder baut ihn selbst. Damit aus den Küchenabfällen Flüssigdünger entsteht, benötigst du zusätzlich noch das Bokashi-Ferment. Das ist eine Streu aus organischem Material, das mit effektiven Mikroorganismen angereichert ist und ohne die die organischen Küchenabfälle nicht fermentiert werden.

Bokashi herstellen

Wie beim Kompostieren, dauert auch die Fermentierung seine Zeit. So gehst du vor, um den Bokashi anzusetzen:

1. Zerkleinere Küchenabfälle. Je kleiner sie sind, desto schneller kann der Fermentationsprozess ablaufen. Im Gegensatz zum Gartenkompost können im Bokashi-Eimer problemlos auch gekochte Essensreste und sogar Fleisch und Fisch zersetzt werden. Allerdings ist es sinnvoll, dabei auf eine ausgewogene Mischung zu achten.

2. Schichte das zerkleinerte Material in den Bokashi-Eimer. Weil die Zersetzung möglichst unter Ausschluss von Sauerstoff ablaufen soll, sollte der Eimer nicht für jede Bananenschale geöffnet werden. Besser ist es, immer

erst eine größere Menge Küchenabfälle zu sammeln und sie dann in einem Arbeitsgang in den Eimer zugeben.

3 Drücke die gesamte Schicht zusammen, zum Beispiel mit einem großen Löffel.

4 Streue Bokashi-Ferment über das zerkleinerte Material, bis alles bedeckt ist.

5 Verschließe den Eimer fest. Wiederhole das Ganze, bis der Eimer bis zum Rand befüllt ist. Auf diese Weise dient er über mehrere Wochen als bequeme Entsorgungsmöglichkeit direkt in der Küche. Um noch mehr Luft aus den Schichten zu pressen, kann man nach jedem Befüllen einen schweren Gegenstand oder ein paar Steine auf die Oberfläche legen. Manche Modelle haben bereits Zwischendeckel.

6 Lass den Eimer mit geschlossenem Deckel stehen und öffne nach einigen Tagen immer mal wieder den Zapfhahn, um zu kontrollieren, ob sich schon Dünger gebildet hat. Falls ja, sollte dieser alle zwei Tage gezapft und zügig verbraucht werden.

TIPP:

Einige Hersteller empfehlen, die biologischen Abfälle anstelle des Ferments mit einer Lösung mit effektiven Mikroorganismen zu besprühen, und wenn die Masse zu feucht ist, etwas Sand darüberzustreuen. Wichtig ist, dass immer ausreichend förderliche Mikroorganismen vorhanden sind.

WAS DARF IN DEN BOKASHI?

DAS DARF HINEIN

- Schalen, Kerne und alle anderen rohen Küchenabfälle von Obst und Gemüse
- gekochte Speisereste
- Milchprodukte
- Eierschalen
- Fleisch und Fisch, roh und gekocht
- Kaffeesatz
- altes Brot
- kleinere Mengen Haare und Fell

DAS DARF NICHT HINEIN

- Öl, Säfte, Alkohol und andere Flüssigkeiten
- Kot von Tier oder Mensch
- faulige oder stark verschimmelte Speisereste
- größere Knochen
- Papier

Bei Zimmertemperatur ist der Bokashi-Kompost nach zwei bis drei Wochen fertig. Optisch hat er sich wenig verändert, er riecht aber säuerlich. Manchmal bildet sich auf der Oberfläche ein weißlicher, unbedenklicher Film.

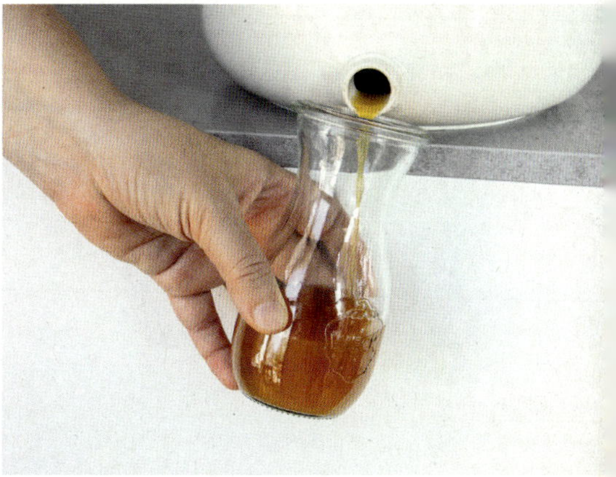

Bokashi als Dünger verwenden

Der sogenannte Bokashi-Saft ist das Endprodukt der Fermentierung. Er ist besonders reich an wertvollen Mineralien und anderen Nährstoffen. Allerdings ist er auch sehr sauer und darf deshalb nur stark verdünnt als Flüssigdünger verwendet werden. Je nach Konzentration und Bedarf der Pflanzen hat sich eine Verdünnung mit Wasser von 1:20 bis 1:200 bewährt. Zudem kannst du den Saft für das Ansetzen eines neuen Bokashis nutzen, denn er enthält ebenfalls effektive Mikroorganismen, mit denen sich die Bioabfälle anstelle von Bokashi-Ferment impfen lassen.

Der restliche Kompost enthält ebenfalls sehr viele Nährstoffe und kann in bereits abgeernteten Beeten verteilt werden. Dort wird er von Mikroorganismen und Kleinlebewesen in wenigen Tagen zu wertvollem Humus zersetzt. Damit der hochkonzentrierte Bokashi Samen und Pflanzen nicht schädigt, empfiehlt es sich, nach dem Ausbringen im Beet zwei Wochen zu warten, bis wieder gesät wird oder Setzlinge gepflanzt werden. Auch als natürlicher Kompost-Beschleuniger eignet sich das feste Bokashi-Material. Dazu wird es einfach unter die anderen Kompostmaterialien gemischt.

TIPP:

Auch verbrauchte Blumenerde lässt sich übrigens durch die Zugabe von Bokashi auffrischen.

Kompost

Biodünger und Biotonne kannst du dir sparen, wenn du einen eigenen Komposthaufen hast. Denn darauf kommen alle anfallenden Gartenabfälle und viele Küchenreste. Unzählige Bodenlebewesen wandeln den Naturmüll innerhalb eines Jahres in Humus um.

Einen Komposthaufen anlegen

Am besten steht ein Kompost im Halbschatten auf offenem Boden. Dort wandern Bodenlebewesen ein. Wenn du einen Hasendraht am Boden befestigt, hältst du Ratten und andere Nager fern. Der Kompost sollte nicht direkt an Gebäuden platziert werden und nicht zu weit von deinen Beeten entfernt sein. Der Weg dahin sollte befestigt sein, zum Beispiel mit Rasengittersteinen (siehe S. 128), damit der Regen ihn nicht aufweicht. Sinnvoll ist auch ein Sicht- und Windschutz aus Hecken, zum Beispiel einer Benjeshecke (siehe S. 67).

Für den Gartenkompost eignet sich ein offenes Behältnis, das den Luft- und Wasseraustausch ermöglicht. Ist der Kompost angelegt, wird der Abfall von Mikroorganismen und Kleinstlebewesen abgebaut. Für ihre Arbeit brauchen sie optimale Bedingungen: ausreichend Sauerstoff, Wasser und Wärme.

Aus organischen Abfällen wird Kompost

Die Temperaturen in einem frischen Komposthaufen können auf über 80 Grad Celsius steigen. Nach der ersten Phase sinkt die Temperatur wieder und Kleinstlebewesen wandern ein. Sie produzieren in der sogenannten Kaltrotte nährstoffreichen Humus. Das dauert etwa ein Jahr. In dieser Zeit sollte der Kompost ein bis zwei Mal umgesetzt und abschließend gesiebt werden. Wer nicht ganz so lange warten möchte, kann einen Kompostbeschleuniger (siehe S. 140) herstellen und zusetzen.

WAS DARF AUF DEN KOMPOST?

JA, BITTE	NUR MASSVOLL	GAR NICHT
Gemüse-, Obstreste und Schalen	Späne	behandeltes Holz
Eierschalen	Tierstreu	beschichtetes Papier
Kaffeesatz	Federn	Asche von Briketts
Rasenschnitt	Haare	Pflanzen mit Schädlings- oder Pilzbefall
Laub	Holzasche (nur 3 %)	Metall
zerkleinerter Grünschnitt	Papier	Leder
verbrauchte Erde aus Kübeln	Zitrusfrüchte	Katzenstreu
		mineralische Abfälle

Kompost schneller reifen lassen

Was tun, wenn der Komposthaufen ewig braucht, um zu verrotten? Damit die Zersetzung so richtig in Fahrt kommt, ist es nicht notwendig, handelsüblichen Kompostbeschleuniger oder einen Schnellkomposter aus Kunststoff zu kaufen. Du kannst den Kompost einfach mit einer selbst gemachten, natürlichen Lösung impfen, die die Rotte unterstützt, den Haufen schneller zusammenfallen lässt und schneller zu wertvoller Humuserde führt.

Material: Für einen Kompostbehälter mit einer Seitenlänge von 1 bis 1,5 Meter benötigst du: 1 Würfel frische Hefe, 500 Gramm Zucker, 1 bis 2 Liter lauwarmes Wasser.

Anleitung:

1. Fülle das lauwarme Wasser in einen Topf oder Eimer.

2. Gib Zucker und Hefe hinzu und rühre um, bis alles gelöst ist.

3. Lass die Mischung mindestens eine Stunde lang stehen, am besten bei Raumtemperatur oder draußen im Sonnenschein.

4. Gib die Flüssigkeit in eine etwa 10 Liter fassende Gießkanne und fülle sie mit Wasser auf.

Damit ist der Kompostbeschleuniger anwendungsbereit. Gieße den Komposthaufen möglichst gleichmäßig damit und mische ihn eventuell mit einer Grabegabel etwas durch. Innerhalb der nächsten Tage wird die Kompostierung „angeheizt“ und die Zersetzung beschleunigt sich.

Kompostierbare Abfälle werden durch Kleinstlebewesen, Bakterien und Pilze sowie größere Tiere wie Würmer zersetzt. Werden neue Pflanzenabfälle auf den Komposthaufen aufgeschichtet, müssen sich die Mikroorganismen erst bis dorthin „durcharbeiten“, bevor sie mit ihrer Arbeit beginnen können.

Die Hefepilze, die mit dem Gießwasser gleich an die richtige Stelle gelangen, vermehren sich sehr schnell und beschleunigen die Zersetzung. Zucker und Wasser sorgen für optimale Arbeitsbedingungen für die Mikroorganismen.

Nach etwa einer Woche kann der Kompost umgeschichtet werden, um den Vorgang noch weiter anzuregen. Trage den Haufen dafür in Schichten ab und schichte ihn in umgekehrter Reihenfolge wieder auf.

Je nachdem, wie stark die Kompostierung vor der Behandlung fortgeschritten war, ist die Komposterde nach wenigen Wochen einsatzbereit. Da der Nährstoffgehalt für manche Pflanzen zu hoch ist, empfiehlt es sich, den Kompost mit normaler Gartenerde zu mischen, um gute Pflanzerde zu erhalten.

Flächenkompost für kleine Gärten

Flächenkompostierung eignet sich in kleinen Gärten, in denen es keinen Platz für einen eigenen Kompost gibt. Der Boden wird dadurch dauernd mit organischem Dünger versorgt und verbessert. Das ist sowohl für Regenwürmer als auch Mikroorganismen bestens. Die Beete werden dafür mit den für den Kompost (siehe S. 138) passenden Küchen- und Gartenabfällen locker bedeckt. Die Erde wird darunter locker und ist ungefähr drei Grad Celsius wärmer als bei ungeschützten Böden.

VORTEILE	NACHTEILE
▶ Das Kompostgut verrottet direkt im Garten. ▶ Der Boden ist wärmer und wird ständig mit Nährstoffen versorgt. ▶ Es ist ideal für kleine Gärten.	▶ Es sieht ungepflegt aus. ▶ Manche Kleingartensatzung verbietet die Flächenkompostierung. ▶ Für Pflanzen magerer Standorte liefert Flächendüngung zu viel Nährstoffe.

Holzasche – ein Kaliumdünger

Vor allem in der kalten Jahreszeit fällt in Haushalten mit Kamin, Kachelofen oder Holzpellet-Heizungsanlagen einiges an Asche an. Aber auch im Sommer können von Grill und Lagerfeuer Aschereste übrig bleiben. Statt sie im Restmüll zu entsorgen, lässt sich Holzasche unter bestimmten Voraussetzungen hervorragend als natürlicher Dünger verwenden.

Brennmaterial für Aschedünger

Für einen natürlichen und unbelasteten Dünger aus Holzasche ist die Beschaffenheit des ursprünglichen Brennmaterials ausschlaggebend. Grundsätzlich geeignet sind alle naturbelassenen Holzarten. Um giftige Schwermetalle aus Produktzusätzen und Abgasen sowie industriellen Rückständen ausschließen zu können, solltest du nur Holz verwenden, dessen Standort beziehungsweise dessen Herkunft du beurteilen kannst.

ACHTUNG:

Generell ungeeignet ist Asche, die bei der Verbrennung einer der folgenden Materialien entstanden ist:

- Grillkohle und Briketts – sie enthalten oft toxische Schwermetalle wie Chrom, Blei und schädigende Phosphate
- lackiertes oder anderweitig oberflächenbehandeltes oder imprägniertes Holz und Holzmöbel
- Holz von Bäumen, die an stark befahrenen Straßen wie Autobahnen standen
- bunt bedruckte Zeitungen und Prospekte, Recyclingpapier und -pappe
- auch auf die gängigen Anzündhilfen verzichtet man in diesem Fall am besten, denn sogar schwarz-weißes Zeitungspapier, Toilettenpapierrollen, Eierschachteln und vieles mehr können Mineralölrückstände enthalten

Natürliche Anzündhilfen wie die folgenden sind bedenkenlos:

- kleine trockene Äste und getrocknetes Laub
- sehr schmales, gespaltenes Holz und Sägespäne
- Nuss- und Kastanienschalen,
- Anzünder aus Holzwolle

TIPP:

Junges Holz ist grundsätzlich weniger belastet, da Bäume im Laufe ihres Lebens Schwermetalle nicht ausscheiden, sondern im Holz anreichern.

Anwendung des Düngers

Holzasche ist reich an Calcium, Magnesium und Kalium und enthält darüber hinaus weitere wichtige Spurenelemente. Da leichte Sandböden den hohen Kalkgehalt der Holzasche schlecht puffern können, ist sie vor allem für tonige, lehmige Böden geeignet. Sie löst sich schnell in der Erde auf und sollte deshalb sparsam angewendet werden. Auf einen Quadratmeter werden nicht mehr als 30 Gramm beziehungsweise 300 Milliliter lockere Holzasche verteilt.

Eine gezielte und intensive Düngung mit Holzasche kannst du direkt im Beet vornehmen. Diese Methode eignet sich besonders vor einer großflächigen Neuansaat. Statt die Asche auszustreuen, kannst du sie auch in das Gießwasser einrühren und so auf den zu düngenden Flächen verteilen. Besonders an trockenen oder windigen Tagen ist diese Möglichkeit angebracht.

Sollen nur kleine Flächen oder Balkonkästen gedüngt werden, mischt man die Asche zuvor mit Erde, Sand oder Steinmehl.

Asche auf dem Kompost

Um deine zukünftige Komposterde anzureichern, kannst du gelegentlich eine dünne Schicht Holzasche zwischen den einzelnen Lagen des Komposthaufens auftragen. Im Winter gestaltet es sich schwieriger, da die Aschemenge reichlich und die zu verrottenden pflanzlichen Beigaben eher gering ausfallen. Es ist deshalb empfehlenswert, die gute Kaminasche in einem Vorratsbehälter zu sammeln. Die Lagerung sollte trocken und nur in laugenbeständigen Behältern erfolgen, zum Beispiel im klassischen Ascheeimer aus verzinktem Stahlblech. Aluminiumgefäße sind ungeeignet.

Nutzen von Kalium- und Kalziumkarbonat

Aschedünger ist basisch und deshalb vor allem für saure Böden zu empfehlen sowie für Pflanzen, die einen basischen Boden bevorzugen. Saubere Holzasche weist Nährstoffe auf, die den Normen der gekauften Düngemittel weitestgehend entsprechen. In ihr stecken unter anderem Zink, Kalk und Kalium, die stark basisch wirken, den Boden entsäuern und ihn auflockern.

Bei diesen verbesserten Bodenstrukturen können sich Wurzeln tiefer ausbreiten, erhalten Zugang zu weiteren Bodennährstoffen und werden widerstandsfähiger gegen Schädlinge Krankheiten.

Pflanzen, die häufig unter Kaliummangel leiden oder auf saurem Boden nicht gedeihen, sind für eine Extraportion Kalium immer dankbar. Dazu zählen beispielsweise:

- Gemüse wie Tomaten, Kartoffeln, Sellerie, Zwiebeln, Karotten, Rosenkohl und Lauch
- Blumen wie Rosen, Fuchsien, Geranien und viele blühende Stauden
- Stachelbeeren, Himbeeren und Weintrauben

Ungünstig wirkt sich Holzasche dagegen bei Pflanzen aus, die sauren Boden bevorzugen, wie zum Beispiel Narzissen, Azaleen, Rhododendron, Fleißiges Lieschen, Orchideen, Pfingstrosen, Palmen und Rosskastanien.

Mit Schafwolle düngen und Wasser sparen

Mit Schafwolle wird seit einigen Jahren in der Land- und Gartenwirtschaft experimentiert. Sie eignet sich nämlich sowohl als Langzeitdünger, weil sie Keratin enthält, als auch als Speicher für Wasser. Wenn du eine Schäferei in der Nähe kennst, freuen sich die Arbeitenden dort bestimmt, wenn du ihnen Wolle abkaufen möchtest. Schafe werden für die Deichpflege und für Naturschutzwiesen gehalten, die Wolle ist meist sehr günstig zu bekommen. Es gibt mittlerweile auch Pellets aus Schafwolle. Allerdings eignen sie sich nur zum Düngen, Wasser sparen lässt sich damit nicht.

Schafwolle als Dünger

Du kannst eine Handvoll pure Schafwolle direkt ins Pflanzloch geben, bevor du die Pflanze einsetzt. Bei bereits wachsenden Pflanzen verteilst du die Wolle um die Pflanzen herum, streust etwas Erde darüber und gießt alles gut an.

Mit Schafwolle Wasser sparen

Hast du schon einmal ein Schaf gestreichelt? Danach sind die Hände fettig vom Lanolin. Dieses Wollfett weist auch Wasser ab, sodass sich die Wolle bei Niederschlägen nicht mit Wasser vollsaugt. Wenn du mit Schafwolle für deinen Garten hantierst, tut das Lanolin darin deiner Haut gut – lass es einziehen und spar dir die Handcreme. Wenn du Schafwolle im Boden oder bei bereits gut bepflanzten Beeten auf dem Boden zwischen den Pflanzen verteilt hast, saugt sie sich wie ein Schwamm mit Gieß- oder Regenwasser voll. Das dauert am Anfang seine Zeit, denn die Bodenfauna muss erst einmal das Lanolin verwerten. Danach fungiert die Wolle als Wasserspeicher. Das klappt in Kübeln wie im Beet.

Gründüngung

Die Gründüngung ist eine bewährte Methode, um den Boden im Winter für die nächste Saison zu verbessern. Je nachdem, welche Wintersaat man aussät, kann man auch in einigen Wintermonaten ein bisschen ernten.

Wenn du die Beete nach der letzten Ernte mit Gründüngung bepflanzt, schützt du den Boden im Winter vor Erosion, Verschlämmung und Austrocknung. Außerdem unterdrückst du unerwünschte Beikräuter. Einige Arten wie Klee, Lupinen und Wicken binden Stickstoff. Tiefwurzelnde Arten, wie Ölrettich, Feldsalat, Kresse, Spinat oder Gelbsenf lockern den Boden tiefgründig. Wenn du im Frühjahr die Beete neu bestückst, finden die jungen Keimlinge so bereits einen gelockerten Boden mit Nährstoffen vor. Hinzu kommt, dass die Gründüngung den Humusgehalt des Bodens erhöht, wodurch er Regenwasser besser aufnehmen und binden kann.

Milde Winter – schnell wachsende Gründüngungspflanzen

Durch den Klimawandel fällt der Herbst zunehmend milder aus, eher frühsommerlich als herbstlich anmutend. Der Boden ist Anfang Oktober noch ziemlich warm. Darin keimen die Samen sehr gut, auch wenn sie keine Blüten und Früchte tragen werden. Besonders Feldsalat und Spinat wachsen auch in milden Wintermonaten weiter. Deren Blätter kannst du immer mal ernten, um Salat oder Aufläufe zu bereichern. Während des Wachstums werden immer die größten Rosetten entnommen. Bei einer Reihensaat ist das Hacken und Jäten einfacher.

Was ist zu beachten?

Im Gemüsegarten ist die Fruchtfolge wichtig. Wenn du im Sommerhalbjahr auf einigen Beeten Kohl, Asia-Salate oder Radieschen angebaut hast, solltest du keine „Gründünger" aus der Familie der Kreuzblütler (*Brassica spp.*) säen. Darauf würden zum Beispiel Feldsalat oder Spinat passen.

Die Gründüngung bleibt bis zum Frühjahr auf den Beeten. Die winterharten Pflanzen werden im Frühjahr einfach mit einer Flachharke umgegraben oder herausgerissen. Bei Letzterem sollte das Beet ordentlich gelockert werden, bevor du neue Pflanzen säst oder einsetzt.

Pflanzenauswahl

Es sind vor allem Pflanzen mediterraner und ostasiatischer Herkunft, die sowohl mit starken Temperaturschwankungen als auch mit längeren Trocken- und Regenzeiten zurechtkommen und sich deshalb leichter an die mit dem Klimawandel einhergehenden Veränderungen anpassen können. Die folgende Auswahl an Gemüse, Obst, Kräutern und Zierpflanzen sind entsprechend gut für den Garten der Zukunft geeignet.

Gemüse

Karotten (*Daucus carota ssp. sativus*)

Die kultivierten Sorten stammen alle von der Wilden Möhre ab, die oft an Wegrändern oder auf Wiesen zu finden ist. Das Doldengewächs ist von allen anderen sehr gut zu unterscheiden, weil in jeder Dolde eine kleine, schwarze Blüte sitzt. Karotten gibt es seit Jahrhunderten in vielen Farben – bläulich, lila, violett, orange, hellgelb und weiß –, je nachdem, wo sie in Eurasien oder Nordamerika angebaut und gezüchtet wurde. Die bekannte, orangefarbene Möhre züchteten die Niederländer vor etwa zwei Jahrhunderten. Über ihre ostindischen Kolonien gelangte diese Zuchtform in die ganze Welt.

Standort

Karotten mögen sandig-lehmige, locker-durchlässige Böden. Sie wachsen gut, wenn jede Pflanze ausreichend Platz hat. Zwischen den Reihen sollten keine Beikräuter wachsen. Wer nicht ständig jäten möchte: Mulch mit Kompost mag die Karotte gern.

Gute Nachbarn

Dazu gehören Petersilie und Lauchpflanzen (*Alliaceae*). Letztere halten den Karotten die Möhrenfliege vom Leib, und sie wachsen nebeneinander gut. Du kannst zum Beispiel zwischen zwei Reihen mit Möhren gut eine Reihe mit Porree, Frühlingszwiebeln, Knoblauchgras oder Schnittlauch pflanzen.

Wasser – wenig, aber regelmäßig

Beim Aussäen und bis die Keimlinge zu sehen sind, brauchen Karotten täglich ein bisschen Wasser. Sobald die Blättchen aus der Erde rausgucken, brauchen sie deutlich weniger. Mit Tröpfchenbewässerung kommen sie gut zurecht.

Aussaat und Ernten

Es gibt frühe Sorten und welche, die sich gut lagern lassen. Frühmöhren werden ab März gesät und können ab Mitte Mai meist geerntet werden. Wer im April sät, kann im Juni ernten. Die bisher letzte Aussaat findet meist im August statt, sodass du, bedingt durch kürzere Tage und kühlere Temperaturen, oft noch im Oktober Karotten ernten kannst.

Frühlingszwiebel (*Allium fistulosum*)

Die Frühlingszwiebel gehört zu den Amaryllisgewächsen. Früher war sie unter dem Namen Winterheckenzwiebel bekannt, weil man sie das ganze Jahr über säen, pflanzen und ernten kann. In milden Regionen bildet die mehrjährige Zwiebel oft eine Art kleine Hecke aus. Wenn du dies von vornherein bedenkst, könntest du die Frühlingszwiebel als Beetumrandung ansiedeln. Innen passen dazu zum Beispiel Petersilie, Dill, Erdbeeren, Karotten oder Radieschen.

TIPP:

Erdbeeren und Frühlingszwiebeln wachsen zusammen unheimlich gut und halten gegenseitig Schädlinge ab.

Standort

Frühlingszwiebeln gedeihen am besten an sonnigen und geschützten Standorten mit tiefgründigem, lockerem, humosem Boden.

Nahrung

Sie werden etwa einen halben Meter groß und bilden ab dem Hochsommer große Kugelblüten mit vielen kleinen, weißen Einzelblüten aus. Hummeln fliegen auf sie, und auch Schwebfliegen und einige Käfer stehen auf die Blüten der Lauchgewächse. Die Blüten passen frisch gezupft perfekt zu Salat und Tomatenbrot. Zum Kochen und für Salate kennst du sicher die grünen Stängel und Röhrenblätter sowie den weißen, saftigen Bereich knapp über den Wurzeln.

Wasser – nicht zu viel

Sobald die Frühlingszwiebel keimt oder eingepflanzt ist – du kannst auch einfach Wurzeln gekaufter Frühlingszwiebeln im Wasserglas austreiben lassen und draußen pflanzen –, ist sie pflegeleicht. Sie braucht nur bei Trockenheit ein wenig Wasser. Und sie freut sich über etwas Dünger. Das können ab und zu in den Boden eingearbeitete Hornspäne oder etwas Gaben von Beinwell- oder Brennnesseljauchen sein. Und sie mag Mulch.

Horste pflegen

Fast alle Alliaceae bilden nach zwei Jahren Horste. Bei mehrjährigen Pflanzen solltest du alle vier Jahre die Horste teilen. Sonst wachsen sie zu sehr zusammen und deine Ernte verringert sich massiv.

Schwarzwurzel (*Scorzonera hispanica*)

Ihren Namen hat sie von ihrer schwarzen Haut. Sie enthält viel Kalium und andere Nährstoffe, die gerade im Winter für unser Immunsystem wichtig sind.

Standort

Sie wächst gut auf lockeren, sandigen, durchlässigen Böden und mag halbschattige bis sonnige Lagen. Säst du sie Mitte April, bietet sie hübsche gelbe Blüten im Sommer und saftige Wurzeln zwischen Oktober und Februar. Die Schwarzwurzel ist frosthart und kommt mit wenig Wasser und Wärme zurecht. Sie wächst auch hervorragend im Hochbeet.

Dünger

Dünger mag sie zwar, aber nicht ständig. Wenn du ihr Beinwell- oder Brennnesseljauche immer mal wieder mit dem Gießwasser bietest oder den Boden mit Kompost mulchst, genügt ihr das. Im Sommer sollte sie ab und zu gewässert werden. Und im Hochsommer kannst du Hornspäne in den Boden einarbeiten. Denn dann beginnt ihre Wachstumsphase für die Winterernte.

Wasser? Ja gerne!

Bei längerer Trockenheit solltest du großzügig wässern, damit die Wurzeln weiter wachsen. Und sie mag es, wenn du nur einmal pro Woche so viel gießt, dass der Boden gut durchfeuchtet wird.

Fruchtfolge

Hast du letztes Jahr an einer Stelle Kartoffeln gehabt, passen dort nun Schwarzwurzeln hin. Im darauffolgenden Jahr könntest du eine Gründüngung mit Feldsalat oder Spinat versuchen. Mit Salat und Lauchpflanzen harmoniert sie.

Schwarzwurzeln zubereiten

Ziehe zuerst Haushaltshandschuhe an und häute dann die Wurzeln mit einem Sparschäler. Danach legst du sie einige Minuten in Wasser ein und fügst diesem ein paar Spritzer Zitronensaft zu. Jetzt kannst du sie klein schneiden und für Aufläufe, Suppen oder pur kochen. Mit einer einfachen Mehlschwitze schmecken die Wurzeln gut zu Kartoffeln. Du kannst sie auch mit Rapsöl in der Pfanne gleichmäßig anbraten und mit Petersilie bestreut zu Gemüsebratlingen oder als Beilage servieren.

Rote Bete (*Beta vulgaris*)

Die bei uns als Wintergemüse bekannte Rote Bete ist bei saisonalen Genießern nicht unbedingt nur in den Herbst- und Wintermonaten bekannt. Im Sommer lassen sich die Blätter und die rötlichen Stiele wie Spinat zubereiten. Sie schmecken ähnlich hervorragend wie der mit ihnen verwandte Mangold, zum Beispiel in Quiche oder zu deftigen Pfann- und Reibekuchen.

Standort

Die zu den Gänsefußgewächsen gehörende Rote Bete wächst auf humosen, schweren, feuchten Lehmböden. Aber sie kommt auch mit leichteren Böden klar, da sie relativ anspruchslos ist. Ihre Aussaat erfolgt von April bis Mai. Sie liebt vollsonnige, warme Standorte. Im Halbschatten liefert sie vor allem viel essbares Grün, aber die Knollen bilden sich eher klein heraus.

Sobald sich die ersten Knollen entwickeln, kannst du etwas Kaffeesatz oder alternativ Hornspäne in den Boden einarbeiten. Geerntet wird sie vor dem ersten Frost im Oktober und November.

Wasser – nicht zu viel

Nach dem Aussäen solltest du sie gründlich angießen. Sobald die Keimlinge sich zu größeren Pflanzen auswachsen, braucht sie deutlich weniger Wasser und verträgt trockene Tage gut. In Trockenperioden während der Wachstumsphasen solltest du *etwas* mehr gießen. Wenn das Gießwasser ab und zu etwas Beinwell- oder Brennnesseljauche enthält, belohnt sie dich mit kräftigem Knollenwachstum.

Erntezeit

Je nachdem, welche Sorte du ausgewählt hast, kannst du deine Rote Bete etwa dreieinhalb Monate nach der Aussaat bereits ernten. Junge Rüben schmecken meist frisch-scharf, während ältere Exemplare erdig munden. Je nachdem, wie viele Rüben du jetzt erntest, kannst du sie auch einlagern. Das geht am besten in Eimern mit Sand, die du in den Keller oder einen anderen dunklen, kühlen Raum stellst oder in einen Erdkeller.

Obst

Walderdbeere (*Fragaria vesca*)

Sie gehört zu den Rosengewächsen und zur Familie der Erdbeeren (Fragaria). Die Walderdbeere ist der Ursprung für viele moderne Erdbeersorten. Übrigens ist sie keine Beere, sondern eine Sammelnussfrucht. Die gelblichen Nüsschen erkennst du in den reifen, roten Früchten.

Standorte

Das Rosengewächs mag es sowohl sonnig als auch halbschattig. Sie wächst gut auf lockeren, durchlässigen, leicht kalkhaltigen, humosen, feuchten und nährstoffreichen Böden. Dabei wächst sie auch unter Laubbäumen, an Hecken oder Mauern. Heiße Mittagssonne mag sie nicht. Wenn du sie ansiedelst, beachte, dass sie sich mit Ausläufern aktiv fortpflanzt. Als Bodendecker (siehe S. 122) ist sie wunderbar geeignet, sie kann mit der Zeit regelrechte Matten bilden.

Wasser – nicht zu viel

Die Walderdbeere braucht nur wenig Wasser und freut sich gelegentlich im Frühsommer über leichte Gaben von Kaffeesatz auf der Erde. Dieser enthält Kalium und wird bei Regen oder beim Gießen direkt an die Wurzeln geschwemmt. Bei heißen Temperaturen und längerer Trockenheit verträgt sie ein bisschen Wasser. Sie nimmt es nicht übel, wenn du mal das Gießen vergessen solltest.

Bienenweide

Die unscheinbaren, weißen Blüten enthalten viel Pollen und Nektar. Bienen, verschiedene Fliegen und Nachtfalter laben sich an ihnen. Die Walderdbeere blüht mehrmals im Jahr, meist zwischen April und Oktober.

Erntezeit

Die Sammelnussfrüchte sind zwar klein, dabei aber äußerst aromatisch. Die Walderdbeere befruchtet sich selbst, und du kannst sie oft – je nach herbstlichen Temperaturen bis in den November hinein genießen. Sie reifen nicht nach, sollten also entweder direkt gegessen oder verarbeitet werden. Sie sind ausgereift, wenn sie vollkommen rot gefärbt sind (ausgenommen weiße und gelbe Sorten).

Felsenbirnen (*Amelanchier spp.*)

Sie ist ideal für kleine Gärten. Die zu den Rosen (Rosaceae) gehörende Felsenbirne ist pflegeleicht und frosthart. Sie ist ein hübscher Schattenspender und relativ licht belaubt. Ihre Blätter changieren von hellgrün im Frühjahr bis zu rötlich-pink im Frühherbst. Ab April blüht sie weiß und liefert ab Anfang Juni kleine Früchte. Sie ist eine duftende Bienenweide. Anspruchslos in der Pflege und ideal als Stadtgrün geeignet, bietet sie im Frühjahr und Herbst ein ideales Training für Wirbelsäule und Arme beim Fegen.

Im Juni werden die Früchte reif und färben sich von grasgrün zu dunklem bordeauxrot. Viele Vögel sind verrückt nach ihnen. Kein Wunder, denn sie schmecken herrlich aromatisch.

Wasser – Regen genügt

Sind die Wurzeln gut im Boden verankert und steht der Strauch einige Jahre auf diesem Platz, ist kein zusätzliches Gießen notwendig. Nur falls er im Hochsommer die Blätter hängen lässt, ist eine zusätzliche Bewässerung, zum Beispiel mit einem Wassersack, zu empfehlen.

BASIS-KONZENTRAT FÜR LIMONADE

Material: Zucker, Kochtopf, sterile Flaschen mit Schraubverschluss, Trichter, ein paar Handvoll Früchte

Die Früchte waschen und in einem Topf mit so viel Wasser aufkochen, dass sie leicht bedeckt sind. Vorsichtig mit einem Löffel probieren und nach und nach so viel Zucker hinzufügen, dass der Sud dir schmeckt. Das Konzentrat abkühlen lassen und per Trichter in die sterilen Flaschen füllen und dunkel lagern.

Etwas mehr als bei Sirup in Gläser geben und mit Wasser oder Sekt aufgießen – ergibt ein pflaumig-fruchtiges Getränk mit Marzipannote.

Maulbeere (*Morus spp.*)

Maulbeeren stammen aus Ostasien, ihre Blätter sind die Nahrungsgrundlage für Seidenspinnerraupen, weshalb man sie bereits im 17. Jahrhundert in Brandenburg ansiedelte, um die Seidenraupenzucht zu fördern. Als Baum oder Strauch wächst sie an sonnigen, warmen und windgeschützten Standorten am besten, verträgt aber auch halbschattige Bereiche. Mit längeren Trockenphasen kommt sie ebenfalls zurecht.

Die weiße oder schwarze Maulbeere?

Morus alba ist die weiße Maulbeere. Sie ist nicht so frostempfindlich wie Morus nigra, die schwarze Maulbeere. Letzere braucht in den ersten Jahren einen Winterschutz. Das bedeutet, ihren Wurzelbereich zu mulchen und noch junge Bäume gegebenenfalls mit Jute vor Frost zu schützen. Als erwachsener Baum ist die schwarze Maulbeere deutlich toleranter gegenüber längeren Trockenperioden als die weiße.

Pflegeleichter Baum

Die Maulbeere mag leicht feuchte und kalkige, nährstoffreiche Böden. Darauf entwickelt sie sich zu stattlichen Bäumen mit hübsch ausgeprägter Krone. Auf ärmeren Böden wächst sie als Strauch. Staunässe mag sie überhaupt nicht. Maulbeergewächse befruchten sich selbst und ziehen mit ihren Blüten zahlreiche Insekten an. Zwischen Juli und Ende September tragen sie viele Beeren.

Wasser – genügsam

Die Maulbeere ist perfekt für zunehmend wechselhafte Wetterlagen geeignet, denn sie verträgt karge, trockene Zeiten, und auch Starkregen hält sie gut aus. Bei längerer Trockenheit empfiehlt es sich, sie ein bis zweimal pro Woche zu wässern.

Köstliche Maulbeeren

Wenn du ein Leckermaul bist, wirst du die Früchte lieben! Reife, gedörrte Maulbeeren schmecken himmlisch im Müsli, von der Hand in den Mund, mit ihnen kannst du backen, Marmelade oder Sirup kochen. Sind sie überreif, fallen sie runter und hinterlassen unschöne Flecken. Daher sollten reife Beeren rasch geerntet und verarbeitet werden. Die Blätter eignen sich für einen aromatischen Tee.

Pfirsich (*Prunus persica*)

Die saftig-süße Plüschpflaume – wer hätte die nicht gerne im Garten? Händler aus Venetien und Genua brachten sie aus Ostasien mit in den Norden, wo sie im Mittelalter nur in Regionen entlang des Ober- und Mittelrheins gedieh. Dort, wo es ganzjährig relativ warm und trocken blieb. Heutzutage treibt die Plüschpflaume auch weiter nördlich und östlich in Deutschland aus. Der Pfirsich gehört zu den Steinobstgewächsen. Er liebt Wärme und einen vollsonnigen Standort, der vor scharfem Ostwind geschützt ist. Außerdem mag er humusreiche, lehmige Böden mit einem ausgeglichenen Wasserhaushalt. Auf Sand-Lehmböden kann er auch wachsen, allerdings solltest du mit Humus nachhelfen.

Wasser – genügsam

Der Pfirsich benötigt nur wenig Wasser. Wenn du saftige Früchte ernten möchtest, braucht er eine regelmäßige und mäßige Wasserzufuhr im Sommer.

Im Frühjahr pflanzen

Den Boden solltest du tiefgründig lockern, das Pflanzloch darf nicht zu tief liegen, die Veredelungsstelle muss rausschauen. Das Bäumchen sollte an einen Pflanzpfosten gebunden werden. So gesichert kippt es bei stürmischen Böen nicht und wächst gut an. Danach bedeckst du den Bereich mit Rindenmulch.

Bestäubung

Er blüht ab März, und Hummeln laben sich oft als Erste an den sich selbst bestäubenden Blüten. Es braucht daher keinen weiteren Pfirsichbaum in der Umgebung.

Ernte

Ab Mitte Juli sind die Früchte erntereif: Die Schale färbt sich dunkelgelb bis rot, und die Früchte werden weich. Frisch schmecken sie am besten. Vollreif kannst du sie gut einkochen, zu Mus, Marmelade, Soßen, Kompott oder Chutney. Zum Entsaften nimmst du vollreife Früchte, damit die Süße angenehm durchkommt.

Mandel (*Prunus dulcis*)

Der Mandelbaum wächst gut an einem sonnig-warmen und leicht schattigen Standort. Wenn du ihn in der Nähe einer immergrünen Hecke oder des (Garten-)Hauses pflanzt, fühlt er sich bestimmt wohl. Sobald die Mandel ein paar Jahre auf dem Buckel hat, verholzen die ersten Triebe. Ab dann sind die Wurzeln ziemlich frosthart. Du kannst ihn auch zuerst im Kübel kultivieren und dann in den Boden umpflanzen oder du kaufst ein genügend großes Bäumchen in einer Baumschule. Die Wurzeln freuen sich über jährlichen Mulch aus Kompost. Falls kein anderer Mandelbaum in der Nähe wächst, kannst du eine sich selbst befruchtende Sorte wählen. Übrigens können auch die Pollen von Pfirsichbäumen Mandelbäume bestäuben.

Boden und Wasser

Er verträgt lange warm-heiße Trockenperioden ebenso gut wie kurze Frostphasen und Starkregenereignisse. Allerdings mag er keine nassen Wurzeln. Um Staunässe zu vermeiden, sollte der Boden um ihn herum möglichst unversiegelt, durchlässig und leicht kalkhaltig sein.

Same und Kern

Die Samen sind die Basis für Marzipan. Die Mandel ist umgeben von einem verholzten Kern, der sich aus der inneren Fruchtschicht um den Samen herum legt. Dieser wird per Nussknacker geknackt. Die lederartige Schale und das dünne Gewebe darunter sind ungenießbar. Die Mandeln bewahrst du in vor Licht geschützten Behältern luftdicht auf.

MANDELMILCH

Material: 2 Liter Wasser, 250 Gramm Mandeln, Pfanne, Topf, Karaffe

Zuerst röstest du die Mandeln leicht an. Dann lässt du sie eine Nacht in einem Liter kalten Wassers quellen, bevor du sie abgießt und in einem Liter frischem Wasser fein pürierst. So lange, bis alles völlig flüssig ist. Diese Milch durch ein Küchentuch in eine Karaffe passieren.

TIPP: Das zuerst abgegossene Wasser mögen deine Gartenpflanzen.

Echte Mehlbeere (*Sorbus aria*)

Die Mehlbeere wird gerne als Solitärbaum in Gärten und auf Grundstücken von Mehrfamilienhäusern eingesetzt. Das Rosengewächs ist pflegeleicht, zeigt im Frühsommer hübsche Blüten und bietet rote Beeren im Herbst. Sie wurzelt tief und ausgeprägt in einem locker durchlässigen, leicht sauren Boden.

Prima Sonnenschirm!

Wenn du sie im Garten pflanzt, wird sie dir einen wunderbaren Sonnenschutz bieten. Ihre Krone wächst in Kegelform, unten schön breit und oben spitzer werdend. Die Mehlbeere wird etwa 7 bis 15 Meter groß. Ideal, um an heißen Tagen darunter Platz zu nehmen, Schatten und Sonnenflecken zu genießen!

Singvögel, Schmetterlinge, Eichhörnchen, Bienen und andere Insekten suchen die Mehlbeere gerne auf. Auch du kannst dir etwas aus ihren Früchten kochen, so passt sie perfekt in einen Schrebergarten.

Wasser – flexibel

Sie hält Starkregenfälle ebenso gut aus wie Hitze, Trockenperioden und Sonneneinstrahlung.

Leckereien zubereiten

Die Mehlbeeren sind nach dem ersten Frost und nach dem Kochen genießbar. Vorher sind sie durch die enthaltene Parasorbinsäure giftig. Diese verschwindet durch Erhitzen. Wenn der Frost zu lange auf sich warten lässt, kannst du die reifen Beeren schon früher ernten und im Gefrierbeutel „künstlich frosten".

Die Blüten können zu Sirup verarbeitet werden. Die Beeren können gedörrt und mit einem Nudelholz zu Mehl gemahlen werden. Das Mehl trocken und dunkel lagern. Du kannst es Plätzchen- oder Brotteig hinzufügen. Oder du kochst die Beeren einfach zu einer Fruchtsoße oder einem Mus ein. Beides schmeckt zu Pfannkuchen sensationell.

Japanische Wollmispel (*Eriobotrya japonica*)

Die Wollmispel ist unter anderem in Italien beheimatet, aber sie gedeiht mittlerweile auch in Deutschland. Die Winter werden wärmer, die Sommerzeit zieht sich bis Ende September / Mitte Oktober, das mag diese Mispel. Ihre Früchte sind gegenüber der hiesigen „Echten Mispel" saftig-süß und knallgelb. Sie ist ausgesprochen klimaaffin und wächst als buschiger Strauch mit dekorativen, lanzettlichen Blättern.

Schon wieder ein Rosengewächs? Ja, sie ist mit der Felsenbirne und der Mehlbeere verwandt. Ihr Name leitet sich aus dem Griechischen ab, weil ihre Äste, Blätter und Blüten mit einem leichten, wolligen Flaum überzogen sind. Es bereitet Freude, sie zu streicheln.

Wasser – nicht zu viel

Sie kommt mit wenig Wasser aus und mag heiße Tage. Dafür steht sie ungern in Pfützen.

Kübel oder Boden?

Wohnst du in einer Region mit viel Frost, sollte sie besser in einen Kübel gepflanzt werden. So kannst sie bei Bedarf ins Haus oder Gartenhäuschen umziehen. Im Sommer wachsen Wollmispeln am besten an sonnigen bis halbschattigen, windgeschützten Stellen im Garten. Wenn die Außentemperaturen unter 5 Grad Celsius fallen, sollte die Pflanze im Kübel in einen hellen, kühlen Raum umsiedeln. Für die zukünftigen Blüten reichen Temperaturen zwischen 5 und 10 Grad Celsius völlig aus.

In zumeist frostfreien Regionen sollten Wollmispeln so gepflanzt werden, dass sie frostgeschützt stehen und du mit Jute nachhelfen kannst. Sie stellt keine Ansprüche an den Boden.

Süß-saure Früchtchen

Magst du süß-sauer-saftiges auf der Zunge? Dann ist die Wollmispel auf jeden Fall das richtige Früchtchen. Sie ist rundlich mit bis zu 7 Zentimetern im Radius. Je nach Sorte ist die Frucht eher fest oder weich. Sie erfrischt im Sommer fruchtig herb. Im Zentrum liegen meist vier bis acht glatte Kerne.

Kräuter

Knoblauchgras (*Tulbaghia violacea*)

Im ersten Jahr sieht es wie Gras aus, schmeckt aber nach Knoblauch. Es ist ein Amaryllisgewächs in der Familie der Alliaceae, der Lauchfamilie. Blüten und Halme sind essbar und sehr schmackhaft. Das Grün kannst du für Salate, Aufläufe, für Tomatenbrote und Kräutersalz verwerten. Die Blüten der aus Südafrika kommenden Pflanze sehen fast aus wie die des Bärlauchs und schmecken bärlauchartig: scharf und würzig.

Im zweiten Jahr wächst das Knoblauchgras zunehmend horstig, und Blütenstängel treiben von Juli bis in den Oktober hinein aus. Im Prinzip kannst du es wie Schnittlauch nutzen. Das Gute: Es schmeckt intensiv nach Knoblauch, hinterlässt allerdings keine „Fahne". Daher ist es ideal für Mittagsmahlzeiten.

Standort

Der Boden sollte nährstoffreich und durchlässig sein. Knoblauchgras wächst gerne im Halbschatten und an nördlichen oder nordöstlichen Standorten, wenn es ein paar Stunden Sonne abbekommt. Kühle Temperaturen um null Grad Celsius herum, auch Schnee, hält es gut aus. Falls es im Kübel wächst, sollte dieser nah am Haus stehen, um Restwärme abzukriegen.

Wasser – bitte nur wenig!

Staunässe mag Knoblauchgras nicht. Lieber alle paar Tage so gießen, dass die Erde gut durchfeuchtet ist. Und ein paar Tage darf der Boden rund um die Wurzeln auch leicht trocken sein. So wird die Pflanze würziger im Geschmack.

Ernteertrag steigern

Je nachdem, ob sie im Kübel oder Beet wächst, treiben mehr Halme oder Blütenstängel aus. Teilst du die horstige Pflanze, hat sie mehr Platz zur Verfügung und treibt mehr grüne Halme aus. Steht sie relativ eng im Balkonkasten, wird sie breiter und treibt vermehrt Blüten aus. So kommst du an genügend Saatgut für das nächste Jahr.

Katzenminze (*Nepeta cataria*)

Das Lippenblütengewächs ist eine buschig wachsende Staude, die gern dicht gedrängt nebeneinandersteht. Viele kleine Lippenblüten verströmen einen hoch aromatischen Duft ab Mai bis in den Hochsommer hinein. Katzen lieben ihn und wälzen sich gerne in Katzenminze. Die etwa einen Meter hoch werdenden Pflanzen richten sich danach wieder auf, keine Sorge!

Wenn du sie nach der Blüte zurückschneidest, blüht sie im Spätsommer noch einmal.

Allseits beliebt

Wusstest du, dass Katzenminze eine wahre Weide für Bienen, Hummeln, Schwebfliegen, Schmetterlinge, Florfliegen und andere Insekten ist? Säst du sie in deinem Garten, bietest du ihnen automatisch ein Trittsteinbiotop. Für dich ist sie vor allem eine Augen- und Nasenweide. Aber auch Gänsebraten kannst du damit hervorragend würzen.

Arme Standorte

Diese sind ideal für die anspruchslose Katzenminze. Sie mag sowohl Schotterflächen als auch magere Sandböden. Wenn sie dazu einen halben oder ganzen Tag sonnig bis halbschattig wachsen darf, findet sie den Standort geradezu ideal. Je sonniger sie steht, desto mehr breitet sie sich aus. Wenn du sie sich selbst aussäen lässt, bleibt sie dem Standort im nächsten Jahr erhalten.

Wasser – bitte nur wenig

Falls die Blätter in trockenen, heißen Monaten schlapp werden, kann gegossen werden.

Heiltee

Wer sie als Heilkraut verwenden möchte, schneidet die oberen Blüten ab und trocknet sie. Der Kräutertee daraus wirkt entspannend, schmerzstillend, schweißtreibend, krampflösend, fiebersenkend und verdauungsfördernd. Er hilft auch, wenn man nervös ist – etwa vor Prüfungen oder bei Lampenfieber. Katzenminzetee hat ein zitroniges Aroma.

Schafgarbe (*Achillea millefolium*)

Dieses Allerweltskraut pflanzen? Du kannst die frischen Blätter fast ganzjährig als Beigabe für Salate ernten. Die bitter schmeckenden Blüten wirken bei Frauen hervorragend gegen Menstruationsbeschwerden. Sie machen sich einzeln gezupft ebenfalls im Salat gut, denn Bitterstoffe sind überaus gesund.

„Schafgarbe" heißt sie, weil ihre Blüte wie eine Garbe ausschaut und Schafe sie zum Fressen gern haben. Sie ist ein Korbblütler, der doldenartig wirkt. Jede kleine Blüte ist eine Dolde. Weil mehrere, kleine Blüten auf einem Stiel sitzen, lautet ihr Nachname „millefolium" – tausend Blüten. Sie ist in manchen Regionen als Achilleskraut, Bauchwehkraut, Tausendblatt, Blutkraut, Frauendank, Schafzunge bekannt.

Achtung – Heilpflanze!

Ab und zu ins Essen gestreut – das schadet nicht. Wenn du Tee aus ihren Blüten braust, solltest du ihn nur gelegentlich trinken oder wenn du ihn zur Heilung benötigst. Wenn der Körper sich an den Tee gewöhnt, wirkt er langfristig nicht mehr. Das gilt übrigens auch für andere Heilmittel aus der Natur.

Standort und Wasser

Am liebsten wächst sie vollsonnig in Wiesen, auf Rasen, am Wegrand. Die wilde Art gedeiht auf mageren, durchlässigen, sandigen Böden und braucht keine Pflege, kommt mit Niederschlägen aus. Fühlt sie sich wohl, bleibt sie und vermehrt sich. Sie zieht Schwebfliegen und Käfer an, die auch für ihre Bestäubung sorgen.

Kultivierte Wuchsformen und Farben

Die wilde Art blüht weiß, es gibt aber auch zahlreiche Kultivare in verschiedenen Blütenfarben und Wuchsarten. Manche wachsen dicht beieinander und haben ausgeprägte, rosafarbene Blütenschirme, andere horstig und mit gelben Blüten. Je nach Sorte ist der Stängel dicht oder wenig behaart, grau- bis grasgrün. Manche Sorten duften nicht und manche sehr kräftig.

Lavendel (*Lavandula officinalis*)

Der Inbegriff südfranzösischen Aromas braucht zwar etwas Pflege, wenn du nicht alle paar Jahre einen neuen Strauch pflanzen möchtest. Aber das lohnt sich.

Boden und Wasser

Lavendel braucht wenig Wasser und viel Sonne. Selbst starke Hitze kann ihm nicht viel anhaben. Nährstoffarme, trockene, sandige und durchlässige Böden reichen. Nur nasse Wurzeln mag Lavendel nicht.

Lavendel in der Küche

Je nach Wassergabe und Intensivität des Aromas, ist Lavendel ebenso wie andere mediterrane Kräuter nicht ohne. Wer zu viel Lavendel nimmt, hat seifig schmeckende Gerichte und Limonaden. Es kommt auf die Dosis an. Taste dich langsam heran, was dir schmeckt.

Je weniger Wasser der Lavendel genossen hat, desto intensiver ist sein Geschmack und desto weniger sollte beim Kochen davon verwendet werden.

Wer mulcht, hat mehr Lavendel

Wenn du ihn nach der Blüte bis ins Holz zurückschneidest, blüht er nächstes Jahr wieder. Um ein neues Lavendelbeet anzulegen, mulche ein sonniges, vom Beikraut befreites Beet dick mit verblühtem Lavendelschnitt. Wenn die Bedingungen passen, treiben die Samen im nächsten Frühling aus. Die Sämlinge kannst du anschließend vereinzeln und an weitere Standorte verpflanzen.

AROMA MEDITERRANER KRÄUTER HÄNGT VON WASSERGABE AB

Ob Salbei, Rosmarin, Thymian oder Lavendel: Sie alle haben leicht dickere Laubblätter. Darin speichern sie Wasser für Trockenperioden. Ihr Aroma intensiviert sich, je weniger sie gegossen werden. Zu wenig sollte es nicht sein, aber man kann sie erziehen. Man sollte sie alle paar Tage etwas gießen, nicht täglich. Auch nicht bei Hitze. Dann steigt das Aroma, womit sie sich Schädlinge vom Leib halten. Und du sparst Wasser.

Beinwell (*Symphytum officinale*)

In der Antike und im Mittelalter wurden aus den Blättern des Beinwell Salben und Verbände hergestellt, um Verletzungen an Knochen und Sehnen zu heilen – daher hat die Pflanze bis heute ihre Namen.

Boden und Wasser

Die etwa einen Meter hoch werdende Pflanze wächst auf anspruchslosen, leicht feuchten bis durchlässig-humösen Böden auf sonnigen, halbschattigen Standorten. Wie die Katzenminze steht Beinwell gerne buschig unter seinesgleichen. Der Tiefwurzler verträgt Hitze ebenso gut wie trockene Perioden und ist extrem pflegeleicht. Wo er sich wohlfühlt, vermehrt er sich stark.

Wunderpflanze für den Garten

Beinwell gehört zu den Raublattgewächsen, und diese enthalten viel Phosphor und Stickstoff. Wer vor der Blüte überzählige Pflanzen schneidet, kann daraus eine düngende Pflanzenjauche produzieren. Die Blüten ziehen zahlreiche Insekten – allen voran Hummeln und andere Wildbienen – an. Von seinen Blättern ernähren sich unter anderen die Raupen von Distelfalter, Lungenkraut-Staubeule und Schönbär.

Beinwell in Bierteig

Zutaten: 10 Beinwellblätter, 200 Gramm Dinkelmehl, Rapsöl, 125 Milliliter Bier, 5 Esslöffel (Pflanzen-)Milch, 2 Eier, eine Prise Salz, 1 Messerspitze Vanille, Honig, Papier, Pfanne

1. Die Blätter eine Stunde auf einem Stück Papier ausbreiten, damit sich Kleintiere entfernen können.

2. Milch, Bier, einen Esslöffel Öl und Mehl zu einem glatten Teig verrühren. Dotter, Eiweiß. Vanille und Salz unterrühren, nochmals gut verrühren.

3. Öl in einer Pfanne erhitzen. Die Blätter am Stiel einzeln in den Bierteig tauchen und in die Pfanne setzen. Nach drei Minuten wenden, dabei die Blüten etwas flach drücken. Nach weiteren drei Minuten sind sie leicht goldgelb ausgebacken und werden mit einem Klecks Honig auf einem Teller serviert.

Zierpflanzen

Jungfer im Grünen (*Nigella damascena*)

Vielleicht kennst du eher die „Braut mit Haaren“, die „Gretl im Busch“ oder die „Venushaarige“? Der Trieb und die Blätter sind ziemlich normal im Gegensatz zu ihrer Blüte und ihrem Samenstand. Diese sehen bizarr und verwunschen aus. Im Beet macht sich der Garten-Schwarzkümmel prima. Er kümmert sich um sich selbst.

Es ist eine echt unkomplizierte, einjährige Sommerblume. Wenn du sie an einem vollsonnigen Standort auf leicht feuchtem, nährstoffreichem Boden ansiedelst, macht sie den Rest allein. Je idealer die Bodenverhältnisse und die Partner sind, desto höher wächst sie. Meistens wird sie bis zu einem halben Meter hoch. An einer warm gelegenen, halbschattigen Stelle gedeiht sie auch zuverlässig.

Sie gehört zu den giftigen Hahnenfußgewächsen und ist mit dem Echten Kümmel nicht verwandt. Für uns ist sie ungenießbar. Aber es passiert auch nichts, wenn man mal ein Samenkorn oder eine Blüte probiert. Die Dosis macht das Gift. Wilde Bienenarten lieben ihre Blüten, und viele Singvögel finden ihre Samen schmackhaft. Sie ist zwar einjährig, sät sich allerdings selbst wieder aus, sodass sie dem Garten erhalten bleibt. Und sie sieht auch in einer Vase hübsch aus.

Ursprünglich stammt sie aus dem Mittelmeerraum und zieht mit wärmer werdenden Temperaturen immer weiter in den Norden. Sie verträgt Frost ebenso gut wie Hitze.

Wasser

Sie ist ideal für ein Sumpfbeet (siehe S. 51) oder einen Standort im Halbschatten. So braucht sie keine zusätzlichen Wassergaben und kommt mit starken Niederschlägen gut zurecht.

Ins Beet säen

Zuerst empfiehlt es sich, Beikräuter zu entfernen. Nach den Eisheiligen sät man sie direkt ins Beet und hält den Boden feucht, bis die Keimlinge etwa 2 Zentimeter groß sind. Bereits Ende April pflanzt du vorgezogene Pflanzen am besten mit etwa 20 Zentimeter Abstand ins Beet, so entwickeln sie sich am besten.

Schönhütchen (*Ratibidia pinnata*)

Das Schönhütchen gehört zur Familie der Asteraceae. Wo es ihm gefällt, samt es aus, und es ist ein echtes Mauerblümchen – es mag Mauerritzen. Die Pflanze kommt eigentlich aus der Steppe, und damit sie dem Wind dort standhält, hat sie lange Wurzeln, mit denen sie sich im Boden gut festhält. Also ist sie ein geradezu ideales Gewächs für unsere Gärten, die an den Klimawandel angepasst werden sollen.

Apropos Wind: Ihre Blütenblätter sehen oft aus, wie vom Winde verweht. Den besonderen Reiz dieser Blüten machen ihre hoch angesetzten Körbchen aus. Bienen, Schmetterlinge, Schweb- und Florfliegen umgarnen diese. Sie sind anfangs noch grün, später dann Reihe für Reihe nach oben hin immer dunkler und zugleich flauschiger werdend.

Boden und Wasser

Das Schönhütchen ist an Kummer gewöhnt und hält selbst Dürre, Hitze, zeitweilig nasse Wurzeln und Frost bis minus 40 Grad Celsius aus.

Standort für die schöne Wilde

Sie gedeiht zwar auch auf sandigen Böden, aber einen durchlässigen, gut drainierten, warmen und nährstoffreichen Boden findet sie deutlich angenehmer. Als wilde Staude aus der Prärie mag sie Stickstoff nicht so gerne, daher solltest du es vermeiden, sie neben Brennnesseln oder Beinwell anzusiedeln. Sie ist ideal für das Steppenbeet (siehe S. 62) geeignet.

Begleitpflanzen

Im Garten passt das Schönhütchen gut zu Gräsern, Prachtkerze, Graslilie, Spornblume, Polster-Nachtkerze Missouri, Walzen-Euphorbia, Duftnessel und Taglilien, aber auch zum Gelben und zum Purpurroten Sonnenhut. Wobei die beiden zuletzt genannten deutlich mehr Wasser brauchen.

Stichwortverzeichnis

Selber machen statt kaufen – Garten und Balkon
ISBN: 978-3-946658-30-6

Permakultur im Bio-Garten
ISBN: 978-3-946658-70-2

Eingemacht & Zugedreht
ISBN: 978-3-946658-74-0

Pflanzenglück
ISBN: 978-3-946658-68-9

Do it daheim
ISBN: 978-3-946658-89-4

Kleine Schritte für eine bessere Welt
ISBN: 978-3-946658-63-4

Fünf Hausmittel ersetzen eine Drogerie
ISBN: 978-3-946658-00-9

Wirf mich nicht weg
ISBN: 978-3-946658-43-6

Seife.
ISBN: 978-3-946658-13-9

Essig.
ISBN: 978-3-946658-91-7

Plastik-Sparbuch
ISBN: 978-3-946658-33-7

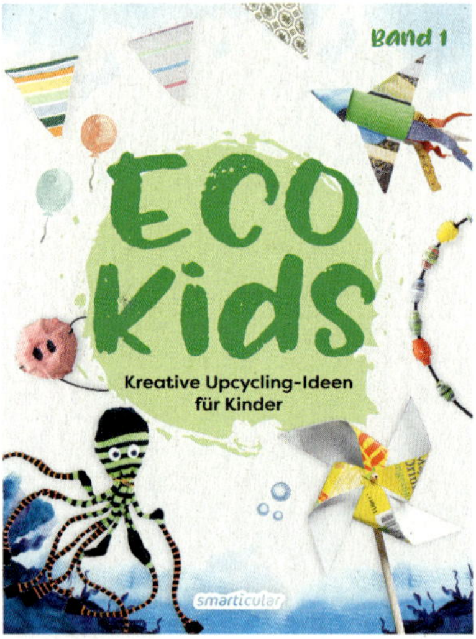

Eco Kids
ISBN: 978-3-946658-72-6